주니어 4
대학

글쓴이 | **김홍기**

홍익대학교 건축학과를 졸업했고 동 대학원에서 박사 학위를 받았다.
현재 동양미래대학교 교수로 재직하고 있으며 한국실내디자인학회 회장을 역임했다.
·저서로는『그림이 된 건축, 건축이 된 그림』등이 있다.

그린이 | **홍승우**

가족 만화 「비빔툰」 시리즈를 그린 만화가이다.
오늘의 우리 만화상, 부천 만화상 어린이 만화상을 받았으며
지금은 어린이 만화와 다양한 카툰 일러스트를 그리고 있다.

주니어 **4** 대학 　로빈슨 크루소가 건축가라고? | **건축학**

1판 1쇄 펴냄 · 2013년 4월 19일　1판 8쇄 펴냄 · 2020년 7월 15일

지은이	김홍기
그린이	홍승우
펴낸이	박상희
편집주간	박지은
기획·편집	이해선
디자인	오진경, 선나리
펴낸곳	**(주)비룡소**
출판등록	1994. 3. 17.(제16-849호)
주소	06027 서울시 강남구 도산대로1길 62 강남출판문화센터 4층
전화	영업 02)515-2000 팩스 02)515-2007 편집 02)3443-4318,9
홈페이지	www.bir.co.kr
제품명	어린이용 반양장 도서
제조자명	**(주)비룡소**
제조국명	대한민국
사용연령	3세 이상

ⓒ 김홍기, 2013. Printed in Seoul, Korea.

ISBN 978-89-491-5354-4 44540 · 978-89-491-5350-6(세트)

로빈슨
크루소가

건축학

건축가라고?

김홍기 글 홍승우 그림

비룡소

들어가는 글

우리는 어디인가를 가면 그 지역에서 가장 오래된 곳이나 유명한 건축물부터 둘러보곤 합니다. 건물 속에 살았던 사람을 상상하기도 하고, 그곳에서 있었던 역사적 사건도 떠올리지요. 낡은 벽돌, 담장의 이끼, 빈 마당, 주춧돌에서도 과거를 회상할 수 있으니까요. 무릇 사람은 건축 속에서 태어나 건축 속에서 생을 마칩니다. 인생의 대부분을 공간 속에서 지낸다는 사실을 기억하면, 옛 선인들이 건축을 인생을 담는 그릇이라 했던 이유를 알 듯합니다. 하지만 '건축이란 무엇일까?'라는 질문에는 딱히 뭐라고 말하기 어려운 점이 많습니다.

건축이란 무엇인가? 건축은 왜 중요한가? 건축은 언제부터 시

주니어 대학

작되었을까? 어떻게 진화되어 왔을까? 건축을 전공하면 어떤 것을 배우고 어떤 분야에서 일을 할 수 있을까? 이 책은 그러한 질문들에 답하려는 시도로 쓰였습니다.

행복한 삶을 추구하기 위해 좋은 친구를 가까이 하듯이 우리는 좋은 건축을 찾고 그런 곳에서 살기를 원합니다. 좋은 건축은 아름답고 편리하고 구조적으로 안전하고 살아가기에 쾌적한 건축을 말하지요. 1부에서는 좋은 건축과 건축의 미래도 함께 다루었습니다.

건축을 이해하는 데 있어서 위대한 건축가들의 삶과 그들이 남긴 건축물을 살펴보는 것만큼 좋은 스승이 없습니다. 2부에서는 대중에게 가장 많이 알려진 안토니오 가우디와 현대 건축의 뿌리를 놓은 르코르뷔지에, 독학으로 세계적인 건축가로 성장한 안도 다다오의 삶을 살펴봄으로써 건축을 알고 싶은 청소년들의 길잡이가 되도록 했습니다.

건축은 인문학과 공학과 예술이 결합된 통 큰 학문이기에 1~2부에서 미처 다루지 못한 내용들이 많을 수밖에 없습니다. 이러한 내용들은 Q&A 형식의 3부로 담아 건축학에 관한 청소년들의 궁금증을 해소하도록 했습니다.

다른 학문과 달리 건축에 관한 지식은 직접적인 체험을 요구합니다. 여행을 통해 건축에 대한 견문을 넓혀 가는 방법이 건축을 이해하는 지름길이라 할 수 있습니다. 아는 만큼 보인다는 말이 있듯이 건축에 대해 어느 정도의 지식을 갖추게 되면 건축을 바라보는 관점이 형성됩니다. 건축을 알면 인류의 역사와 문화를 해석할 수 있는 힘이 저절로 생겨납니다. 이 책을 통해 청소년들이 건축에 관심을 기울이고, 건축을 사랑하는 계기가 되기를 바랍니다.

1부

예술과 공학과
인문학이 결합된
통 큰 학문, 건축

01

좋은

건축은

좋은 삶을

만든다

로빈슨 크루소처럼

살 수 있나?

    아버지 말을 거역하고 아무에게도 알리지 않은 채 항해를 떠났던 로빈슨 크루소는 거센 폭풍을 만나 홀로 무인도에 표류합니다. 어둠이 밀려오자 맹수가 습격해 올까 겁이 나 큰 나무 꼭대기에 올라가 잠자리를 마련합니다. 다음 날 비가 줄기차게 내립니다. 살아남기 위해서는 무엇보다도 집이 필요하다는 사실을 절감합니다.

    어떤 방법이 좋을까? 어떤 모양으로 만들까? 여러 가지로 궁리해 보지만 중요한 것은 집을 지을 장소였습니다. 식수로 이용할 수 있는 맑은 물이 있어야 하고, 뜨거운 햇볕을 피할 수 있어야 하고, 맹수로부터 보호될 수 있는 곳이어야 했지요. 이 같은 조건에 맞

는 산등성이의 평평한 곳을 발견하고는
나무로 말뚝을 박아 담을 만듭니다. 다
음 날부터 바위에 구멍을 뚫는 일에 몰두
했어요. 무른 암석이라 쉽게 파 들어갈 수
있었고, 한 달 후에는 바위 속에 커다란
공간을 마련할 수 있었지요.

　몇 달 후에는 두 번째 집을 마련합니다. 나무를 베고 다듬어 오
두막집을 완성한 다음 염소 기름을 이용해 실내에 불을 밝힙니다.
밀 농사를 성공시켜 식량을 해결하면서 무려 28년이라는 긴 시간
을 버텨 낸 끝에 로빈슨 크루소는 살아서 고향으로 돌아갈 수 있
었습니다.

　1719년 대니얼 디포가 쓴 소설 『로빈슨
크루소』는 이처럼 인간의 생존을 다룹니
다. 무인도에서 로빈슨 크루소가 살아남을
수 있었던 것은 안락한 집을 만들어 환경에 적
응할 수 있는 지혜가 있었기 때문으로, 집을
지을 수 있는 능력이 없었다면 그렇게 오랫
동안 살아남기는 힘들었을 겁니다. 공기가
없으면 숨을 쉴 수 없는 것처럼 건축이 없으
면 생존할 수가 없으니까요.

따다 따다닥

집 짓는 법 좀 가르쳐 줘!

그러나 우리는 공기의 중요성을 모르 듯이 건축이 왜 중요한지를 모르고 살아 가고 있습니다. 건축이 무엇이냐고 물으 면 많은 사람이 단순히 집 짓는 일이라 고 대답합니다. 심지어 건축을 재산을 늘리는 경제적 수단으로 여기는 사람도 많습니다.

"건축은 국가의 중요한 부분 이며 좋은 생활 환경과 수준 높은 삶의 질을 만들어 내는 수단"이라고 핀란드 건축 정 책에 나와 있다. 인간의 삶에 크게 기여하는 것이 건축이 라는 뜻으로, 건축은 공동체 의 행복을 구현하는 수단인 것이다.

사물의 본질이나 어떤 이치를 파악하고자 할 때 우리는 나무 를 보지 말고 숲을 보라는 말을 자주 합니다. 큰 관점에서 보라는 뜻으로, 건축도 높은 곳에 올라가 도시를 내려다봐야 그 중요성을 제대로 알 수 있습니다. 남산 전망대에 올라가 서울을 바라보면 멀 리 세종 문화 회관과 시청이 한눈에 들어오고 여의도로 시선을 옮겨 가면 둥근 돔 지붕을 지닌 국회 의사당이 보입니다. 도로가 있고 공원도 군데군데 보이지만 건축이 도시를 구성하는 핵심임 을 알 수 있습니다. 도시에 건축이 존재하지 않는다면 어떻게 될까 요? 갑자기 로빈슨 크루소가 된 기분일 겁니다. 로빈슨 크루소가 28년이나 살았던 무인도와 다를 바 없으니까요.

숲을 보았으니 이제 나무를 보기로 합니다. 도시 속에 빼곡히 들어선 건물들은 도대체 어떤 역할을 하고 있을까요? 방송국은 뉴스와 정보를 제공하기 위해, 법원은 공정한 재판을 위해, 학교는 교육을 위해, 병원은 국민의 건강과 환자의 치료를 위해 존재하지요. 모든 건축은 이처럼 목적과 기능을 갖고 있답니다.

때로는 건축은 인간의 욕구를 해결해 주는 역할을 합니다. 네덜란드의 역사학자 하위징아는 인간의 본능은 놀이하는 데 있다고 했습니다. 하위징아의 말처럼 먹고 자고 일만 하면서 삶을 보낼 수는 없습니다. 영화도 보고 만화도 보고 음악도 들어야 피로를 풀고 행복감에 젖을 수 있으니까요. 이를 위해 영화관과 공연장을 찾게 되는데, 이러한 건물들을 우리는 문화 시설이라고 부릅니다.

우리 주변에는 이름을 달리하는 시설들이 엄청 많습니다. 교육 시설, 의료 시설, 상업 시설, 복지 시설, 체육 시설……, 이 모든 시설은 우리가 필요해서 만들어 낸 것들입니다. 교육 시설을 넓히기 위해서는 학교가 세워져야 하고 의료 시설을 갖추기 위해서는 병원이 세워져야 하듯이 시설은 곧 건축을 의미합니다. 인간의 욕구를 충족시켜 주고 사회 활동을 원활하게 유지해 주는 것이 바로 건축인 것입니다. 건축은 단순히 집 짓는 일이 아닌 우리 사회의 질서와 공동체의 행복을 구현하는 토대라고 할 수 있습니다.

건축은
예술일까,

공학일까?

독일의 문학가 괴테는 "건축은 얼어붙은 음악"이라고 했습니다. 건축이 얼어붙은 음악이라니 무슨 말일까요? 작곡가와 건축가를 비교해 보면 그 뜻을 어느 정도 알 수 있을 것 같습니다. 작곡가는 오선지 위에 음표를 그려 넣어 아름다운 음악을 표현합니다. 높은음과 낮은음. 장조와 단조, 쉼표와 도돌이표 등 다양한 방법으로 음과 리듬을 짜 맞추어 악보로 표현하지요. 누가 연주하더라도 똑같은 소리를 낼 수 있는 지침서 같은 역할을 하는 것이 바로 악보입니다.

작곡가가 오선지를 이용하듯이 건축가도 선을 이용합니다. 아름답고 기능적인 건물을 만들어 내기 위해 수평선과 수직선을 결

주니어 대학

합시켜 도면으로 표현합니다. 사각형과 원형을 사용하여 평면도를 만들고 건물의 외관 모습을 표현하기 위해 입면도를 그리지요. 악보가 연주자를 위해 만들어진 것이라면 건축 도면은 건물을 짓는 시공자를 위한 지침서입니다. 거실과 부엌은 어디에 두고 벽과 기둥의 두께는 얼마로 해야 하며 창은 어떻게 설치할지 상세한 내용이 도면에 표현되어 있습니다. 작곡된 악보가 악기로 연주되어 그 예술성을 드러내듯이 건축 또한 입체적인 건물로 완공될 때 그 가치를 드러냅니다.

클래식 음악 가운데 우리나라 사람이 가장 좋아하는 곡은 베토벤이 작곡한 교향곡 5번 「운명」이라고 합니다. 운명의 문을 두드리는 것 같은 웅장한 음악이 끝나면 사람들은 우레와 같은 박수를 보내곤 합니다. 무뚝뚝하게 아무 말 없이 땅 위에 서 있지만 건축물도 진한 감동을 안겨 줄 수 있습니다. 아크로폴리스 언덕에 우뚝 솟은 파르테논 신전 앞에서 장엄함을 느끼고, 안토니오 가우디가 설계한 사그라다 파밀리아 대성당을 올려다보면서 사람들은 천재 건축가의 예술성에 큰 박수를 보냅니다. 건축은 고정되어 있지만 음악처럼 감동을 주는 예술품인 것입니다.

그렇다고 해서 모든 건축이 예술이라는 이야기는 아닙니다. 모든 건축이 예술 작품처럼 위대할 필요도 없습니다. 쉽게 따라 부를 수 있는 노래가 우리 주변에 더 많듯이, 우리 주위에는 평범한 건물들이 더 많습니다.

우리의 전래 동요 「달아 달아 밝은 달아」에는 "초가삼간 집을 짓고 …… 천년만년 살고 지고."라는 노랫말이 나옵니다. 농사를 짓고 밥을 짓듯이 집을 짓는다는 표현을 우리 민족은 예로부터 사용해 왔습니다. 짓는다는 말은 재료를 사용해 새로운 것을 만들어 내는 행위를 뜻합니다. 단어와 단어, 문장과 문장을 연결해

글을 짓는 것처럼 집 짓기는 기둥과 벽을 지붕과 연결해 사람이 살 수 있는 공간을 만들어 내는 일이지요. 건축이라는 용어가 탄생되기 전, 우리 선조들은 집 짓는 일을 영조(營造)라 불렀다고 합니다. 만들어 경영한다는 뜻으로, 집 짓는 일은 땅을 잘 다듬고 집을 편안하게 앉혀 안락한 삶을 꾸려 나갈 수 있도록 만들어 주는 일입니다.

집을 짓는 방법은 기둥을 세워 지붕을 얹는 방식과 돌이나 벽돌 같은 재료를 쌓아서 지붕을 얹는 방식으로 크게 나뉩니다. 기둥을 세우고(建) 벽을 쌓는(築) 일이니 일컬어 건축(建築)인 것입니다. 건축을 뜻하는 영어 아키텍처(Architecture)는 크다는 뜻의 '아키(Archi)'와 기술이나 학문을 뜻하는 '텍트(tect)'의 합성어로, 담긴 뜻을 해석하면 큰 학문, 큰 기술이 됩니다. 큰 기술이라 해서 건축의 기술이 모든 기술을 앞선다거나 첨단 기술을 의미하는 것은 아닙니다. 큰 기술이라 함은 건축이 단순한 기술이 아닌 인간의 삶과 깊숙이 결합된 통 큰 학문이라는 뜻입니다.

예술가 하면 흔히 화가, 음악가를 떠올리지요. 건축가라는 호칭도 화가나 음악가처럼 창작 활동을 하는 예술적 성격을 지니고 있음을 알 수 있습니다. 그러나 건축이 다른 예술과 다른 점은 기능, 즉 용도를 갖고 있다는 점입니다. 그림과 조각은 아이디어를 머릿속에서 떠올려 작가 마음대로 표현하면 되지만, 건축은 사용할 사람의 의견을 반영해서 세워야 한다는 제약이 따릅니다. 화가나 조각가는 혼자서 작품을 완성할 수 있지만 건물을 짓는 일은 혼자서는 할 수 없습니다. 건축의 형태와 공간에 관한 아이디어는 건축가의 머리와 손끝에서 나오지만 구조 기술자와 시공 기술자가 지닌 공학적인 지식이 합쳐질 때 완성품이 될 수 있지요. 건축이 예술이라 할 수도 없고 딱히 공학이라고 할 수 없는 이유입니다.

건축은

사람을 다루는
인문학

덴마크의 건축가 라스무센은 건축가는 정원사를 닮았다고 말합니다. 정원사의 역할은 정원에 식물을 심어 잘 가꾸는 일이에요. 정원사가 머릿속으로 계획한 정원의 모습이 제아무리 아름다워도 정원에 심은 나무와 화초들이 잘 자라지 않으면 실패한 것이나 다름없습니다.

건축가는 정원사처럼 살아 있는 대상을 다룹니다. 화초보다 훨씬 더 다루기 힘든 사람을 다루는 일을 하지요. 정원사가 화초를 심기 전에 화초의 특성이 무엇인지 땅과 맞는지 기후 조건과는 맞는지를 면밀하게 검토하는 것처럼 건축가도 집을 짓기 전에 반드시 그곳에 살 사람의 특성과 땅의 조건을 살펴야만 합니다. 자연

환경이 좋은 비옥한 땅에서 화초가 잘 자라는 것처럼 좋은 환경과 공간 속에서 사람은 행복을 느끼기 때문이에요.

화초 하나하나를 열심히 가꾸는 정원사처럼 우리 주변에도 사람을 생각하는 건축가가 많이 있습니다. 정기용이 바로 그런 건축가입니다. 그의 건축 활동은 다큐멘터리 영화 「말하는 건축가」로 만들어져 많은 사람의 심금을 울려 주었습니다. 정기용에게 있어서 건축은 땅 위에 건물을 세우는 단순한 행위가 아니라, 사람의 삶의 질과 문화적 가치를 높이는 공적인 일이었습니다. 다시 말해서 그에게 건축은 삶의 문제가 무엇인지 밝혀내고 그것을 건축으로 해결해 주는 가치 있는 일이었지요.

설계에 앞서 정기용은 사람들과 깊이 있는 대화를 먼저 나눕니다. 시골 노인을 위해 필요한 시설이 무엇인지, 어린이들에게 필요한 시설이 무엇인지를 꼼꼼히 따집니다. 노인들이 제일 필요한 것이 목욕탕이라고 하자 마을 회관 1층에 과감히 목욕탕을 집어넣습니다. 시골 할아버지 할머니는 건축가의 도움으로 이젠 마을에서 편하게 목욕을 할 수 있어요.

어디 그뿐인가요? 정기용이 설계한 어린이 도서관에서 아이들은 어른의 시선, 사서의 시선, 그 누구의 시선도 의식하지 않고 마음껏 자유롭게 책을 읽고 생각하고 심지어 뛰어다니기도 해요. 아이들의 정서를 고려해 도서관 열람실에 다락 같기도 하고 토굴 같

기도 한 독서 공간을 마련해 주었기 때문이지요.

「말하는 건축가」는 건축가가 누구에게 봉사해야 하는지, 건축이 사회에 어떤 역할을 해야 하는지를 깨닫게 해 주는 영화입니다. 사용자의 요구가 무엇인지를 파악해 공간적으로 해결해 주는 역할이 건축가의 임무이고 그렇게 해서 지어진 건축이 좋은 건축인 것입니다.

영국의 수상 처칠은 "우리는 건축물을 만들지만 그 건축물이 다시 우리를 만든다."고 했습니다. 좋은 건축은 좋은 삶을 만들지만 나쁜 건축은 나쁜 삶을 만들 수밖에 없다는 뜻일 것입니다. 소설가 알랭 드 보통은 장소가 달라지면 나쁜 쪽이든, 좋은 쪽이든 사람도 달라진다고 말합니다. 이 말은 맹자의 어머니가 자식 교육을 위해 집을 세 번이나 옮겼다는 이야기를 떠올리게 합니다. 맹모삼천지교는 교육 환경뿐만 아니라 인간을 둘러싼 환경의 중요성을 알려 주고 있어요. 건축을 한다는 것은 좋은 장소, 좋은 공간을 만들어 사람을 행복하게 해 주는 일입니다.

그렇다면 행복한 공간을 만들어 내기 위해서 어떻게 해야 할까요? 좋은 건물과 나쁜 건물은 사용하는 사람에 대한 배려의 차이에서 나옵니다. 좋은 건축물을 만들어 내기 위해서는 인간의 행동을 관찰해야 하고 욕구가 무엇인지를 파악해야 합니다. 그런데 사람마다 취향이 다르고 성격도 다르니 결코 쉬운 일이 아니지요.

건축가는 자연 조건과 삶의 패턴을 고려해 공간을 배치해야 한다. 거실은 햇빛이 잘 드는 남쪽에 두는 것이 좋다. 부엌의 위치는 가급적 서향을 피해야 하는데 뜨거운 석양 빛에 음식이 상할 염려가 있기 때문이다. 건축 설계란 이처럼 삶을 섬세하게 보살피어 공간으로 조직하는 행위이다.

어린이, 젊은이, 노인 등 사람은 계층마다 신체적 조건도 다르고 사고방식도 다릅니다. 유치원을 설계하기 위해서는 유치원 교육 내용과 어린이의 행동과 심리 상태를 알아야 하고, 노인 시설을 설계하기 위해서는 노인의 신체 상태와 심리를 알아야 합니다. 그래서 건축가들은 어린이 인지 발달 이론을 다룬 책을 들추고 노인 질환에 대해 공부합니다.

건축가의 활동 영역이 넓을 수밖에 없는 이유는 건물마다 용도가 모두 다르기 때문이에요. 교회를 설계하기 위해서는 기독교에 대해서 알아야만 하고 기념관을 설계하기 위해서는 인물과 역사에 대해서 알아야 합니다. 건축가의 서재에는 역사, 문화, 철학, 예술, 심리학, 종교 등 인문 분야와 예술에 관한 많은 책이 꽂혀 있어요. 건축은 사람의 삶과 관련된 학문, 다시 말해서 인문학이기 때문입니다. 다시 한 번 강조하지만 건축은 작은 학문이 아니라 예술과 공학과 인문학이 결합된 통 큰 학문입니다.

02

건축을 보면 역사를 알 수 있다고?

건축의
시작

언제, 어떻게?

1978년 어느 날, 고고학을 전공한 미군 병사 그렉 보웬은 한탄강 주변을 여행하다가 우연히 발밑에서 오래된 석기 한 점을 발견했어요. 예사롭지 않다고 생각한 그는 보고서를 작성해 프랑스의 저명한 구석기 시대 전문가 보르도 교수에게 보냅니다. 얼마 후 이 석기는 구석기 시대 사람들이 사용했던 것으로 확인됩니다. 경기도 연천의 전곡리 선사 유적지는 이렇게 해서 일반인에게 알려집니다. 이곳 박물관과 광장에는 구석기 시대 사람들이 수렵 활동을 했던 모습과 그들이 살았던 움집이 실물 크기로 세워져 있습니다.

수렵 활동은 무엇을 의미할까요? 식량을 구하기 위한 끊임없는 이동을 뜻합니다. 수렵을 하던 시대에 인간은 늘 불안했을 겁니다. 짐승을 잡을 수 있을지 없을지가 매우 불확실했고 과일이나 버섯을 배를 채울 만큼 딸 수 있다는 보장도 없었으니까요. 그러다 보니 집은 임시로 머무는 거처에 불과했어요. 동굴 속에서 지내기도 하고 나뭇가지와 잎으로 움막을 지어 며칠 머문 뒤 이동을 해야 했습니다.

그렇다면 인간의 정착 생활은 언제부터 시작됐을까요? 약 1만 년 전 인간은 드디어 농사를 짓는 방법을 알아냅니다. 농업은 생활에 커다란 변화를 몰고 왔습니다. 더 이상 이동하지 않고 한군데 정착해 농사를 짓다 보니 좀 더 견고한 집이 필요했어요. 그래서 돌과 흙을 이용해 집을 짓기 시작합니다.

최초로 도시 문명이 탄생한 곳은 메소포타미아 지역입니다. 이지역은 두 강이 범람하면서 싣고 온 흙과 모래가 쌓인 비옥한 평야 지대로 농사를 짓고 가축을 기르기에 좋은 장소였습니다. 기원전 5500년경부터 메소포타미아 지역에는 수많은 부족들이 몰려

동굴을 벗어나 인간이 최초로 지은 집은 움집으로, 무릎 정도의 깊이로 땅을 파고 둘레에 나무 기둥을 세워 지푸라기로 덮고는 내부 중앙에 화덕을 설치했다. 정착 생활이 이루어지자 벽돌이나 돌로 견고한 집을 짓게 되고, 집들이 모여 도시 문명이 탄생된다.

들어 다양한 문화를 꽃피우게 됩니다. 사회생활을 하는 데 필요한 문자와 제도, 행동 양식, 종교, 예술이 이곳에서 뿌리를 내리기 시작합니다.

농사를 잘 짓기 위해서는 홍수를 예측하고 또 실제 홍수 상황을 측정해서 기록으로 남겨야 했습니다. 그래야만 내년에도 후년에도 대비할 수 있으니까요. 이 과정에서 문자가 발명되고 달력도 개발되고, 하늘의 뜻을 알기 위해 천체를 연구하게 됩니다. 여분의 곡식을 모자란 다른 곡식과 맞바꾸면서 상거래가 형성되기 시작합니다. 상업이 발달하면서 인구는 늘어났고 마을의 규모가 급속히 커지면서 도시 국가로 발전합니다. 새로운 도시가 탄생되고 성장하면서 도로와 하수도, 공공건물이 건설되기 시작합니다. 왕궁도 세워지고 신전도 세워집니다. 왕궁이나 신전만 구운 벽돌로 지어졌고 일반 서민의 집은 햇빛에 말린 흙벽돌로 지어졌습니다. 훗날 흙벽돌로 된 서민의 집은 대부분이 비에 쓸려 유실되었지만, 구운 벽돌이나 돌로 지어진 신전과 왕궁은 지금도 남아서 인류의 문화유산으로 보전되고 있습니다.

이 시기를 다룬 역사책을 보면 신전 건축에 대한 이야기가 많습니다. 신전은 왜 건축하게 됐을까요? 어떤 의미를 지닐까요? 정착 민족에게는 농사가 무엇보다도 중요했습니다. 농사를 잘 짓기 위해서는 날씨가 좋아야 했고, 때맞춰 비가 내려야 했지요. 흉년이라도 들면 신이 노한 것으로 여겼습니다. 인간의 능력으로 해결할 수 없는 자연에 대한 바람을 신에게 의지하려는 종교가 자연스럽게 태어납니다. 하늘에 있는 태양과 달, 별자리를 보면서 우주의 신을 숭배하고, 땅의 신에게 제사를 지내기도 합니다. 신에게 제사를 올리는 제례 공간이 자연스럽게 탄생됩니다. 신성한 공간이다 보니 신전은 다른 건물에 비해 격식을 갖추어 정성 들여 짓습니다. 건축의 탄생은 이처럼 인류의 역사와 도시의 탄생과 호흡을 같이하면서 발전해 갑니다. 건축이 탄생된 배경을 알면 인류의 역사를 알 수가 있습니다.

건축은
시대를 비추는

거울

『노트르담의 꼽추』를 쓴 빅토르 위고는 '건축은 돌로 만들어진 가장 오래된 책'이라고 말합니다. 건축이 가장 오래된 책이라니 잘 이해가 안 되지요? 역사적 사실이나 내용을 전달해 주는 역할을 책이 하는데, 건축도 그런 역할을 한다는 뜻입니다. 빅토르 위고의 표현처럼 건축에는 지나간 시대의 역사가 담겨 있습니다. 때로는 건축 속에서 그 시대의 사상이나 삶의 형식을 읽어 낼 수 있지요.

서양 건축의 양식적인 기틀이 확립된 때는 그리스 시대입니다. 그리스 건축의 전성기는 기원전 480년에서 기원전 430년으로, 페리클레스가 통치하던 시기입니다. 이 무렵 아테네는 역사상 가장

파르테논 신전, 그리스 아테네

평화로운 시대를 맞이하게 되었고, 아크로폴리스 언덕에 도시를 수호하기 위한 신전을 짓기 시작합니다. 이곳에 세워진 건물 중 가장 아름다운 건물이 파르테논 신전입니다. 그리스 신화에 나오는 지혜의 여신이며 도시 국가 아테네의 수호 여신인 아테나에게 바쳐진 파르테논 신전은 그리스 건축의 절정을 보여 줍니다. 인간의 눈에 비친 건축물 가운데 파르테논 신전에 견줄 것이 없다는 말이 나올 정도로 완벽한 비례와 질서를 갖추었어요. 조화와 균형과 비례를 강조한 신전 건축의 구성 원리는 오랫동안 서양 건축의 규범으로 자리 잡게 됩니다.

그리스 건축을 이어받은 것은 로마입니다. 로마 건축을 대표하는 건축물은 기원전 118년경에 지어진 판테온 신전입니다. 판테온은 우주에 있는 신을 모시기 위해 건립된 신전으로, 축구공을 반으로 잘라 놓은 것 같은 반구 형태의 돔을 지붕으로 덮자 공간에 일대 혁신이 일어납니다. 약 43미터 높이의 둥근 돔 천장을 올려다보면 "멋지다."라는 말이 저절로 나옵니다. 공간이 얼마나 극적이고 아름다웠던지 르네상스 화가 라파엘로는 죽어서 판테온에 묻히는 게 소원이었을 정도로 판테온을 사랑했습니다. 그가 죽자 로마 교황은 라파엘로의 시신이 판테온에 묻히도록 허락합니다. 로마 시대를 대표하는 판테온은 건축이 공간 예술이라는 사실을 우리에게 알려 줍니다.

판테온 신전, 이탈리아 로마

476년 서로마 제국이 멸망한 이후 천년 동안 서양은 기독교 중심의 중세로 들어섭니다. 이 시기에는 수도원 건축과 성당 건축이 융성합니다. 중세 도시에 우뚝 솟아 있는 고딕 건축은 세상을 이끌어 가는 중심에 기독교가 있음을 보여 줍니다. 하늘과 맞닿고 싶어서일까요? 고딕 건축은 높이에 도전합니다. 고딕 성당 내부에 들어가면 누구나 높은 공간에 압도당합니다. 그 순간 인간은 나약해지고 신은 위대해 보입니다. 바닥에서 천장까지 30미터 정도였던 것이 점점 높아져 보베 대성당은 마침내 48미터에 달합니다. 외부도 첨탑을 세워 더 높이 올라갑니다. 독일의 쾰른 대성당은 157미터, 울름 대성당은 163미터입니다.

이렇게 높게 건물을 올리기 위해서는 구조적인 해결이 뒷받침되어야 했습니다. 그래서 나온 것이 플라잉 버트레스입니다. 어렸을 때 나무 블록을 쌓아 본 경험이 있을 겁니다. 높이 쌓게 되면 조금만 힘이 작용해도 한쪽으로 쏠림 현상이 일어나지요. 무너지려는 힘을 지탱하려면 옆에서 받쳐 주어야 하는데 이런 이유로 탄생한 벽이 부축벽인 버트레스입니다. 건물이 높이 올라가다 보니 부축벽도 따라서 커지자 내부를 비우게 됩니다. 파리 노트르담 대성당을 올려다보면 갈비뼈처럼 생긴 뼈대가 공중에서 건물을 부축하고 있는 것을 볼 수 있습니다. 이것이 바로 고딕 건축을 가능하게 한 플라잉 버트레스입니다.

노트르담 대성당, 프랑스 파리

베르사유 궁전, 프랑스 파리

베르사유 궁전, 프랑스 파리

중세가 신을 중심으로 한 시대였다면 17세기는 군주가 권력의 중심을 차지한 절대 왕정의 시대입니다. 프랑스 절대 군주제의 정점을 구축한 사람은 태양왕이라 불렸던 루이 14세이지요. 베르사유 궁전은 이때 세워집니다. 어느 날 왕실 건물의 최고 책임자였던 콜베르는 루이 14세에게 이렇게 제안합니다.

"폐하, 후세의 사람들은 폐하가 건설한 장엄한 건축물을 통해서 폐하가 얼마나 위대한 군주인지를 측정하게 될 것입니다."

이 말을 들은 루이 14세는 베르사유 궁전 건설에 착수합니다. 절대 왕정의 위엄과 권위를 나타내기 위해 기하학과 대칭이 강조된 장대한 베르사유 궁전의 배치도가 완성됩니다. 대칭축 선상에 궁전이 위치하고 궁전 중심에는 예배당이 아닌 왕의 침실이 있습니다. 왕의 침실을 중심으로 모든 방이 대칭으로 배치되고 분수대도 운하도 정원의 모든 길도 왕의 침실에서 방사형 형태로 뻗어 나갑니다. 나무도 자연 그대로가 아닌 인공적인 형태로 다듬어집니다. 인간이 자연마저 지배할 수 있다고 믿은 절대 왕정은 건축을 통해 위엄을 떨치고자 했습니다.

1789년 프랑스 혁명이 일어나 절대 왕정이 몰락하면서 새로운 시대, 근대를 맞이하게 되는데 이 시기에 영국에서는 산업 혁명이 시작됩니다. 절대 왕정의 몰락과 산업 혁명의 물결로 인해 건축은 큰 변화를 맞이하게 됩니다.

현대 건축으로의

진화

농업 사회에서 공업 사회로 전환되는 19세기에 접어들면 삶의 방식뿐만 아니라 건축의 생산 방식도 크게 달라집니다. 농경 사회에서는 나무와 흙, 돌 등 자연의 소재를 이용해 집을 지었지만, 산업 혁명이 일어나면서 철, 콘크리트, 판유리, 철근 콘크리트 등을 이용하게 됩니다.

집 짓는 재료가 다양해지면서 건물의 형식과 규모도 엄청나게 바뀝니다. 기원전 2500년경에 세워진 이집트 기제의 피라미드와 1989년 완공된 파리 루브르 박물관 광장의 유리 피라미드를 비교해 보면 그 변화를 쉽게 이해할 수 있습니다. 돌을 쌓아서 만든 이집트의 피라미드는 육중하고 무겁고 웅장한데 비해, 루브르의

피라미드, 이집트 기제

루브르 피라미드, 이오밍 페이, 프랑스 파리

유리 피라미드는 가볍고 내부가 훤히 보일 정도로 투명합니다. 현대 건축이 무거움에서 가벼움으로, 폐쇄적인 것에서 투명함으로 바뀌었다는 사실을 한눈에 알 수 있습니다.

이 같은 변화의 흐름을 주도한 것은 철이었어요. 18세기 초반까지는 질 좋은 철을 대량으로 구하기 어려웠습니다. 구리와 납, 은과 같은 금속은 섭씨 1,000도 이하에서 대부분 녹지만 철은 약 1,200도는 되어야 녹는답니다. 18세기 초만 하더라도 용광로 온도는 1,000도를 돌파하기가 쉽지 않았어요. 용광로를 덥히는 열원을 목재에서 코크스로 바꾸고 제철법을 개선한 뒤에야 비로소 질 좋은 철을 대량으로 얻게 됩니다. 철의 강도는 철이 함유하고 있는 탄소량에 좌우되는데, 탄소량이 적을수록 강도가 높은 철입니다. 탄소량이 적은 주철을 얻게 되자 1779년 인류 최초로 철을 이용한 구조물이 세번 강이 흐르는 콜브룩데일 마을에서 탄생됩니다. 에이브러햄 다비 3세에 의해 인류 최초의 철교 아이언 브리지가 완공되자 사람들은 철을 이용해서 건축물을 세울 수 있다는 가능성을 얻게 됩니다.

철과 함께 현대 건축의 흐름에 결정적인 영향을 미친 재료는 유리입니다. 인류가 유리를 만든 시점은 정확하지 않지만 고대 이집트에서 유리가 출토됐고 우리나라에서도 2세기경에 제작된 유리 제품이 발견된 것으로 보아 기원전에 이미 유리 제조법이 광범위

아이언 브리지, 에이브러햄 다비 3세, 영국 콜브룩데일

하게 퍼졌음을 알 수 있습니다. 하지만 평평한 판유리를 만들기는 좀처럼 쉽지 않았어요. 유리를 평평하게 펼 수 있게 된 11세기 이후에도 작은 크기의 창문에 끼울 수 있는 정도의 판유리밖에 만들지 못했으니까요. 1832년 마침내 찬스 형제가 판유리 제작 기술을 개선시키면서 대형 크기의 판유리 생산이 가능해집니다. 본

제1회 만국 박람회 전시관 수정궁

격적으로 건축에 유리를 쓸 수 있는 시대가 열린 것이지요.

1851년 영국 런던 하이드파크에서 개최된 제1회 만국 박람회에서 현대 건축의 시작을 알리는 전시관이 탄생됩니다. 전 세계에서 모인 수많은 물품을 전시하기 위해서는 초대형 전시 공간이 필요했습니다. 정원사였던 조지프 팩스턴이 온실을 짓던 경험을 살려

폭이 500미터가 넘는 거대한 전시관 건물을 제안해 불과 9개월 만에 완공합니다. 돌이나 벽돌 같은 전통 재료를 사용하지 않고, 규격화된 철과 유리를 이용해 조립식으로 지었기 때문에 가능했던 것입니다.

박람회 전시관을 수정궁이라 부르게 된 이유는 유리 때문이었습니다. 더글러스 제럴드라는 기자가 한참 공사 중인 박람회 전시관에 대해 소개하는 기사를 쓰면서 "유리로 덮인 수정처럼 아름다운 전시관"이라는 표현을 사용했어요. 이때부터 크리스털 팰리스(Crystal Palace)라는 별명이 붙게 됩니다. 우리말로 번역하면 수정궁이지요. 이처럼 시각적인 충격을 몰고 온 수정궁은 건축 역사상 최초로 세워진 조립식 건물로 현대 건축의 시작을 알리는 위대한 선언이었습니다.

1887년 인류는 처음으로 300미터 높이에 도전합니다. 프랑스 혁명 100주년을 기념해 파리에서 열리는 만국 박람회 전시장 입구에 설치할 기념탑 설계안의 공개 모집이 이루어집니다. 여기서 우승한 구스타브 에펠은 철골을 결합해서 18개월 만에 300미터의 탑을 건설하게 됩니다.

19세기가 철의 시대라고 한다면 20세기는 철근 콘크리트의 시대라고 할 수 있습니다. 철근 콘크리트 공법의 개발로 20세기 건축은 큰 변화를 맞이합니다. 화산재에 석회를 넣어 만든 콘크리트가 이미 로마 시대부터 있었지만 시멘트, 모래, 자갈을 물에 섞어 만든 근대식 콘크리트가 나타난 것은 1800년대 초반입니다. 그로부터 얼마 지나지 않아 프랑스의 기술자가 콘크리트에 철근을 넣은 철근 콘크리트를 개발하면서 건축은 엄청난 변화를 맞이합니다. 동서양을 막론하고 이전의 집들은 대부분 경사 지붕이었습니다. 철근 콘크리트 구조가 등장하고 방수법이 개발된 이후에야 평지붕이 가능해졌습니다. 건축은 20세기에 접어들면서 상자처럼 네모반듯한 육면체로 바뀝니다.

글로벌 시대에는 지역과 지역 간의 경계가 없습니다. 건축도 경계가 없긴 마찬가지입니다. 철과 유리와 콘크리트로 된 건축물이 전 세계의 도시를 똑같이 만들어 가고 있습니다. 이러한 현상이 과연 좋은 것일까요? 나라마다 지역마다 있어 왔던 고유의 건축 양식이 사라져 간다는 사실, 이것은 현대 건축이 짊어진 문제점이기도 합니다.

에펠 탑, 구스타브 에펠, 프랑스 파리

03

독특한
형태일수록
구조가
중요해
!

구조는
왜

중요한가?

　　1415년 피렌체의 학자 포지오 브라치올리나는 스위스의 생갈 수도원 도서관에서 오래된 건축책 한 권을 발견합니다. 로마 시대의 건축가 비트루비우스 폴리오가 기원전 27년경 쓴 『건축십서』라는 책입니다. 건축에 관한 열 가지 이론을 서술한 이 책은 건축가의 임무에 관해 정확히 쓰여 있어 가장 권위 있는 건축책으로 오랜 세월 동안 각광을 받습니다. 이 책에서 비트루비우스는 건축의 기본 요소를 견고함, 편리함, 아름다움 세 가지로 규정합니다. 건축물은 무엇보다 안전해야 하고, 쓰임새가 있어야 하며, 아름다워야 한다는 뜻입니다. 아름다움은 건축의 형태와 관련된 것이며, 편리함이 건축의 기능과 관련된 것인데 비해, 견고함은 건축의 구조와 관련이 있습니다.

안전성이 결여된 구조는 인간의 생명을 위협합니다. 돌이켜 보면 우리 사회에는 건물 붕괴 사고로 많은 이웃을 잃은 아픈 경험이 있습니다. 1970년 서울 마포구 와우산 비탈에 지어진 아파트 15동이 완공된 지 4개월 만에 한꺼번에 붕괴되어 33명이 죽고 39명이 중경상을 입는 대참사가 일어났습니다. 와우 아파트 붕괴 사고의 원인은 기둥 속에 철근을 제대로 넣지 않아 기둥이 건물의 무게를 견디지 못해 무너진 것으로 밝혀집니다. 더 끔찍한 사고는 1995년 서울 서초구에서 발생했습니다. 사망자 501명, 부상자 937명, 실종자 6명이라는 최대 참사를 일으킨 삼풍 백화점 붕괴 사건 역시 지붕 바닥과 기둥의 구조적 결함과 부실시공이 겹쳐진 비슷한 사고였어요. 구조가 올바르지 못하면 편리성도 아름다움도 아무 쓸모가 없는 것이지요.

사람의 몸에 뼈대가 없으면 설 수 없듯이 건물 또한 뼈대 역할을 하는 구조가 튼튼해야 합니다. 자유의 여신상을 보면 뼈대의 역할이 얼마나 중요한지 알 수 있습니다. 뉴욕 시 허드슨 강

구조를 담당하는 엔지니어는 건물에 작용하는 모든 힘들을 고려하여 건물의 뼈대를 구성하는 부분의 결합 방식과 재료의 크기를 결정해야 한다. 기둥의 간격과 크기, 철근의 굵기와 수량 등 부재를 결합하는 방식과 치수를 계산해 내는 일이 구조 엔지니어의 역할인 것이다.

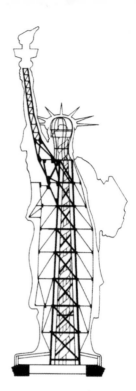

자유의 여신상, 바르톨디, 미국 뉴욕

어귀의 리버티 섬에 우뚝 서 있는 자유의 여신상은 미국 독립 100주년을 기념하여 프랑스가 미국에 선물한 것으로 조각가 바르톨디가 제작한 여신상의 높이는 자그마치 46미터나 됩니다. 거대한 조각의 외부를 감싸는 표피는 3밀리미터도 안 되는 얇은 동판으로 만들어졌고 내부는 비어 있어요. 세찬 바닷바람을 견뎌 내고 서 있으려면 강력한 뼈대가 몸통을 잡아 주어야 하겠지요. 이런 고민을 해결해 준 사람이 구스타브 에펠이었습니다.

에펠은 대학에서 화학을 전공했지만 철도 회사에 근무하며 철교를 놓는 방법을 배워 나중에 에펠 탑을 세운 구조 전문가입니다. 에펠은 자유의 여신상 내부에 철골 트러스로 강력한 뼈대를 만들어 어떠한 바람에도 견딜 수 있게 했어요. 그냥 중앙에 뼈대를 세운 게 아니라 철골을 삼각형으로 결합시켜 강한 힘을 갖도록 했습니다. 세워진 지 100년이 훌쩍 넘었지만 자유의 여신상이 강풍을 이기고 아직껏 끄떡없이 버티고 서 있는 이유는 강력한 구조 때문이란 것을 알 수 있습니다. 건물도 마찬가지입니다. 오랫동안 견고하게 서 있으려면 반드시 구조적인 해결이 뒷받침되어야 합니다.

건축
구조의

종류는?

건설 현장을 주의 깊게 살펴본 경험이 있는지요? 땅을 파서 기초를 만들고 그 위에 기둥과 벽을 세운 뒤 지붕을 씌우는 방식으로 건축 공사가 진행됩니다. 기초는 비록 땅속에 숨어 있어 보이지는 않지만 건물을 서 있게 하는 주춧돌 역할을 합니다.

기초가 인체의 발바닥과 같은 역할을 한다면 다리 역할을 하는 것은 기둥입니다. 집안을 이끌어 가는 사람을 일컬어 '집안의 기둥'이라고 하듯이 기둥은 건물의 무게를 지탱하는 중요한 역할을 합니다. 체중이 많이 나가는 사람의 다리가 너무 가늘면 위태로워 보이듯이, 기둥이 너무 가늘거나 구조체가 허약하면 건물은 설 수 없습니다.

구조는 벽체와 기둥을 만들고 그 위에 지붕을 얹는 방식에 따라 조적식 구조와 가구식 구조로 나뉩니다. 조적식 구조는 돌이나 벽돌처럼 일정한 크기의 재료를 쌓아 올려 공간을 만드는 방법입니다. 조적식 구조의 미덕은 주변에 있는 재료로 쉽게 쌓을 수 있다는 점입니다. 벽돌이 일반적인 건축에 사용된 반면 궁전이나 교회처럼 권위를 내세우는 건축은 벽돌보다는 돌을 쌓아 지었습니다. 이집트의 피라미드, 이탈리아의 콜로세움, 프랑스의 베르사유 궁전은 모두 돌을 쌓아 만든 조적식 구조입니다.

서양 건축이 쌓아서 짓는 조적식 구조가 많은데 비해 우리나라와 중국을 비롯한 동양의 건축은 목재로 지은 가구식 구조가 많습니다. 가구식 구조는 쌓는 방식이 아니라 조립해 짓는 것으로, 나무를 잘라서 수직(기둥)과 수평(보)으로 결합시킨 다음 그 위에 지붕을 얹는 방식입니다. 부석사 무량수전 같은 사찰 건축물과 경복궁을 비롯한 궁궐 건축물 대부분이 목조로 된 가구식 구조입니다.

산업 혁명이 일어나기 전까지는 나무나 돌과 벽돌을 쌓아서 지은 건축물이 대부분이었지만 19세기 이후 철근 콘크리트

구조란 건물을 이루는 요소들인 기초와 기둥, 벽, 슬래브(바닥), 지붕을 어떻게 배열하고 어떻게 결합시키느냐 하는 공학적인 기술이다. 구성 방식에 따라 조적식 구조, 가구식 구조 등으로 나뉘고, 사용 재료에 따라서 목구조, 벽돌 구조, 철근 콘크리트 구조, 철골 구조 등으로 나뉜다.

구조와 철골 구조가 개발되면서 건축의 규모는 엄청나게 확대됩니다. 박람회 전시관, 철도역, 공장, 비행기 격납고, 공연장 등 이전 시대에는 볼 수 없었던 새로운 건축의 기능들이 생겨나면서 구조 전문가들의 역할이 커졌습니다.

이 시기에 건축의 구조는 크게 세 가지 목표를 위해 큰 발전이 이루어집니다. 건물을 높이 세울 수 있는 방법, 건물 내부를 기둥 없이 넓게 구성할 수 있는 방법, 빠른 시간 내에 조립식으로 완성할 수 있는 방법을 구한 것입니다.

건물을 높이 세우고자 하는 욕망은 초고층 빌딩의 발전 과정과 밀접한 관련이 있습니다. 19세기 중엽까지는 5층 이상 되는 건물이 매우 드물었습니다. 사람들이 오르내리기가 힘들었기 때문이지요. 하지만 엘리샤 오티스라는 사람이 1853년 엘리베이터를 개발하고 에디슨이 전기를 발명하면서 고층 건물을 가로막는 걸림돌이 해결됩니다.

1930년에 미국의 자동차 기업 크라이슬러가 처음으로 300미터가 넘는 빌딩을 뉴욕에 세웠습니다. 이에 질세라 다음 해에 엠파이어 스테이트 빌딩(102층, 381미터)이 완공됩니다. 드디어 초고층 건축 시대가 열린 것입니다.

초고층 빌딩 설계는 바람과의 싸움입니다. 측면에서 초속 30미터가 넘는 태풍이 불어오게 되면 상상도 못할 큰 힘이 건물에 작용합니다. 그렇기 때문에 바람을 극복할 수 있는 다양한 방법들이 개발됐습니다. 9·11 테러로 무너진 세계 무역 센터(110층, 417미터)처럼 건물 외부의 기둥을 간격 1미터 정도로 촘촘히 배치하거나, 100층의 존 행콕 센터처럼 건물 외부에 대각선 부재를 두어 바람을 견뎌 낼 수 있게 하는 방법이 강구되면서 건물 높이는 400미터를 돌파합니다. 초고층 건물 신화는 여기서 끝나지 않고 진행 중입니다. 아랍 에미리트 두바이에 세워진 버즈 칼리파 빌딩처럼 800미터가 넘는 건물이 이미 등장했고 앞으로 더 높은 빌딩이 지어질 테니까요.

존 행콕 센터, 파즐라 칸, 미국 시카고

구조를 알면

형태가
보인다

높이에 대한 도전만큼이나 넓은 공간을 기둥 없이 만들려는 노력은 건축 구조의 발전에 큰 공헌을 합니다. 공연장 내부에 기둥이 있으면 기둥 때문에 무대가 보이지 않겠지요. 실내 체육관에 기둥이 있으면 관중의 시선을 방해하겠지요. 이런 문제를 해결하기 위해 기둥 없이 공간을 만들어 내는 구조 방식이 개발됩니다.

셸 구조도 그 중 한 가지 방법이에요. 사전에서 셸(Shell)이라는 단어를 찾으면 조개나 갑각류의 껍질이라고 되어 있습니다. 곡면 형태인 조개껍질은 두께는 얇지만 깊은 바닷속의 높은 수압도 견뎌 낼 정도로 단단합니다. 조개껍질 같은 곡면 형태로 지붕을 만

오페라 하우스, 이외른 웃손, 오스트레일리아 시드니

들면 힘이 곡면을 따라 작용해 기둥 없이도 넓은 공간을 덮을 수 있다는 원리입니다. 세계에서 가장 아름다운 공연 시설로 손꼽히는 시드니 오페라 하우스 역시 셸 구조를 이용한 건물입니다. 그러나 셸 구조의 지붕을 완성하기까지 많은 어려움이 있었어요.

1957년에 개최된 시드니 오페라 하우스 국제 현상 설계 공모에서 덴마크 건축가 이외른 웃손은 지금까지 볼 수 없었던 매우 독특한 형태의 계획안을 내놓아 1등으로 당선됩니다. 그러나 조개껍질 모양의 독특한 지붕을 만드는 일을 기술적으로 해결하기란 쉽지 않았어요. 그는 날렵한 곡면의 지붕 스케치를 구조적으로 해결하지 못하고 9년 동안이나 설계도를 고쳐 그리다가 주어진 예산 한도를 초과하자 포기하고 본국으로 돌아갑니다.

오페라 하우스는 여러 번에 걸쳐 설계를 변경하다 보니 완공되기까지 무려 16년이나 걸렸고, 공사 금액도 엄청나게 늘어났습니다. 오브 아럽이라는 영국의 유명한 구조 사무실이 기술적 문제를 겨우 해결해 오페라 하우스가 완공된 것은 1973년이었습니다. 그해 10월 20일 성대한 개막식이 열렸습니다.

하얀 조개껍질 열 개가 시드니 푸른 하늘에 솟아 오른 모습에 모든 사람이 감탄을 자아냅니다. 오스트레일리아의 수상은 "시드니 오페라 하우스는 건축의 승리 이상이다."라고 찬사를 보냅니다. 건축 디자인의 혁신이자 구조의 혁신이었습니다. 오페라 하우스 건립 과정을 통해 독특한 형태일수록 구조를 담당하는 기술자와의 협력이 필요함을 알 수 있습니다. 한 가지 더 예를 들어 보기로 합니다.

1971년 런던 우체국 앞, 두 젊은 건축가가 마감 시간에 쫓기면서 현상 설계 응모작을 파리로 발송하기 위해 바닥에 주저 앉아 애를 쓰고 있었습니다. 우편물 속에 담긴 것은 파리 중심가에 들어설 퐁피두 미술관 설계안으로, 50개국에서 681개의 프로젝트가 접수됩니다. 심사 위원을 사로잡은 작품은 출품 번호 493번으로 바로 이탈리아 건축가 렌초 피아노와 영국 건축가 리처드 로저스가 공동으로 출품한 작품이었어요.

현상 설계 당선 소식에 30대 초반의 두 사람은 뛸 듯이 기뻐합니다. 사실 그들이 제출한 계획안은 매우 파격적이었기에 당선에 대한 기대감이 그다지 크지 않았거든요. 그들이 계획한 건축물은 전혀 미술관 같지 않고 마치 정유 공장처럼 모든 설비와 구조물들이 밖으로 튀어나와 있기 때문이에요. 사람으로 따지면 내장이 피부 밖으로 튀어나온 꼴이지요. 전통적으로 건축은 모든 설비와 구조물을 최대한 숨겼지 도발하듯 밖으로 노출시킨 경우는 없었습니다. 두 젊은 건축가는 무슨 이유로 이렇게 설계했을까요?

예전에는 수학 문제를 풀듯이 수작업으로 건물의 구조를 해결했지만, 컴퓨터가 등장하면서 구조 해석에 획기적인 발전이 이루어진다. 컴퓨터 프로그램을 이용해 복잡한 형태들을 구조적으로 해결할 수 있는 길이 열리면서 건축 형태는 무한한 자유를 얻게 된다.

퐁피두 미술관, 렌초 피아노, 리처드 로저스, 프랑스 파리

건물 내부에 들어가야 할 설비와 구조물을 모두 바깥으로 빼내면 어떻게 될까요? 내부가 비어 버리겠죠. 기둥이나 설비 배관이 없이 내부를 구성하면 전시 공간의 쓸모는 훨씬 커질 것입니다. 이런 이유로 모든 구조와 설비를 외부로 돌출시켰습니다. 엘리베이터와 에스컬레이터는 빨간색으로, 물을 공급하는 수도 파이프는 초록색으로, 공기를 환기시키는 파이프는 파란색으로, 전기 배관은 노란색으로 해서 건물 뒷면이 온통 설비를 담당하는 파이프로 구성되었습니다. 노출된 철 구조물들이 복잡하게 결합되다 보니 구조적인 해결이 필수적이었지요. 다행히 시드니 오페라 하우스 구조 설계를 맡아 7년 동안 일했던 구조 전문가 피터 라이스가 참여하게 돼요. 피터 라이스는 구조 전문가이자 디자인 개념을 갖춘 엔지니어였어요.

건축가가 구조에 대해 해박한 지식을 갖추면 더욱 좋겠지요. 구조에 대한 지식을 토대로 상상의 날개를 자유롭게 펼 수 있으니까요. 리처드 버크민스터 풀러가 바로 그런 경우예요. 건축가이자 발명가였던 그는 인구 대비 상위 2퍼센트의 지능 지수를 가지면 가입할 수 있는 멘사 클럽 2대 회장이 될 정도로 뛰어난 머리를 지니고 있었습니다. 다이맥시온이라는 이름이 붙은 이동식 주택과 유선형 자동차를 개발했을 정도니까요. 풀러의 이름을 건축계에 널리 알린 계기는 그가 개발한 '지오데식 돔(Geodesic dome)'입니다.

사진 © Idej Elixe/ Wikipedia

몬트리올 세계 박람회 미국관, 리처드 버크민스터 풀러, 캐나다 몬트리올

워터 큐브, 중국 베이징

직선 부재를 써서 축구공처럼 동그란 구형을 만들어 낸 지오데식 돔은 세상에서 가장 가볍고 강하면서 저렴한 비용으로 거대 공간을 만들 수 있는 구조이지요. 풀러가 개발한 돔은 작게는 주택에서 크게는 관측소와 공장, 전시장 등에 널리 이용되고 있습니다. 가장 유명한 건물은 20층 높이의 몬트리올 세계 박람회 미국관으로 오늘날 그가 개발한 지오데식 돔은 전 세계에 30만 개나 있다고 합니다.

세계적으로 독특한 형태를 지닌 건축물은 거의 대부분 특별한 구조를 지니고 있습니다. 박태환 선수가 제29회 베이징 올림픽 400미터 자유형에서 금메달을 딴 수영 경기장은 워터 큐브(Water Cube)라는 명칭이 붙어 있는데, 건축가가 비눗방울에서 아이디어를 얻어 만들어 낸 건물입니다. 영국 콘월 주에 건립된 에덴 식물원은 6각형의 벌집 모양에서 아이디어를 따왔습니다. 이처럼 건축가들은 종종 구조적 원리를 자연이나 생명체의 형태에서 발견하곤 합니다.

04

건축이 환경 파괴의 주범이라고 ?

건축의 형태와
기후는

어떤 관계일까?

오스트레일리아의 수도는 어디일까요? 시드니로 생각하는 사람이 많지만 캔버라입니다. 1901년 영국으로부터 자치권을 인정받은 오스트레일리아 정부는 수도를 어디로 결정할까 고민에 빠집니다. 이민자들이 처음 정착해 번성한 도시는 시드니였지만 금광 발견으로 힘이 커진 멜버른이 수도를 유치하려고 해 경쟁이 일어납니다. 의견이 좁혀지지 않자 두 도시의 중간 지역인 캔버라에 새로운 수도를 만들기로 결정합니다.

오스트레일리아 정부는 새로운 행정 수도를 만들면서 각국의 대사관 건물을 한곳에 모아 그 나라의 고유 양식으로 짓게 했어요. 이곳에서 가장 눈에 띄는 건물은 뾰족탑을 세워 놓은 것처럼 지붕의 경사가 매우 급한 파푸아 뉴기니 대사관입니다. 이웃한 대사관 건물들을 자세히 관찰해 보면 인도네시아, 말레이시아, 태국, 일본, 한국 순서로 지붕의 경사가 완만해지는 것을 볼 수 있습니다.

위도가 적도에서 멀어질수록 지붕의 경사가 완만해지는 이유는 뭘까요? 지붕의 경사는 강수량과 밀접한 관계가 있습니다. 강수량이 적은 온대 지방은 지붕 경사가 완만한 반면 폭우가 잦고 강수량이 많은 적도 지역은 지붕 경사가 급하답니다. 장대비가 쏟아질 경우 빗물이 잘 흘러내리도록 하기 위해서는 경사가 급해야겠지요. 반면에 제주도처럼 비가 많더라도 바람이 많이 부는 지역은 지붕 경사가 완만합니다. 경사가 급하면 바람이 세차게 불 때 내외부의 압력 차에 의해 지붕이 날아갈 수 있기 때문이에요. 북유럽처럼 눈이 많이 오는 지역은 지붕 경사가 급합니다. 지붕에 눈이 쌓이면 무게로 인해 건물이 무너질 수 있기 때문이지요.

비가 많이 오는 지역에서는 마루가 발달되어 있습니다. 땅바닥에 습기가 많고 뜨거운 열기가 올라오다 보니 원두막처럼 바닥을 땅에서 높게 띄워 집을 지은 것입니다. 산마루라는 말이 산등성이의 가장 꼭대기를 일컫는 것처럼 마루는 높다는 뜻을 지니고 있습니다. 마루 상(床)을 써서 이를 고상식(高床式) 주거라고 하고 남방식 주거라고도 합니다.

날씨가 덥고 습한 지역에서 마루가 발달된 데 비해, 날씨가 영

파푸아 뉴기니 대사관, 오스트레일리아 캔버라

태국 대사관, 오스트레일리아 캔버라

이글루를 만들 때, 바다표 범의 내장에서 채취한 투명한 막을 이용하여 빛이 들어올 창을 만든다. 바다 표범의 지방을 태워 얻은 기름을 이용하는 난방과 조명 장치를 입구에 설치해 실내의 밝기와 온도를 조절했다.

하로 떨어지는 추운 지역에는 온돌이 발달했어요. 바닥에 널따란 돌로 구들장을 놓아 아궁이에 나무로 불을 지펴 난방을 했던 것이지요. 이를 북방식 주거라고 하는데, 겨울이 춥고 여름이 더운 우리나라는 마루와 온돌이 모두 발달했습니다.

그렇다면 추운 극한 지방에서는 어떻게 집을 짓고 생활할까요? 1년 내내 눈과 얼음으로 덮여 있는 캐나다 북부 툰드라 지역에는 나무가 전혀 자라지 않습니다. 눈에 보이는 건 오로지 하얀색, 눈 덮인 설경뿐이에요. 이곳에 사는 이누이트들은 이글루라는 둥근 돔 모양의 얼음집을 지어요. 자르기에 적당한 눈덩어리를 찾으면 고래 뼈로 된 긴 칼로 직육면체 블록을 만들어 비스듬히 쌓아 올려 가며 돔 형태로 집을 완성합니다. 꼭대기에 구멍을 만들어 안의 공기를 신선하게 유지할 수 있도록 하고, 입구는 터널 모양으로 만들어 찬 공기가 곧바로 들어오는 것을 막아 냅니다.

이렇듯 산업 사회가 전개되기 전까지 인간은 자연의 환경 조건을 적절히 이용해 살아왔습니다. 그러나 18세기 중엽 석탄과 철광석을 채굴하기 위한 광산이 생겨나고, 화석 연료를 이용한 공장이 도시에 들어서면서 지구의 생태 환경은 크게 바뀌기 시작합니다.

환경 위기,

건축과
무슨 관계?

지구상에 수많은 생명체가 있지만 인간만이 지구를 훼손시키고 변형시키면서 생활하고 있습니다. 지나친 변형은 생태계의 질서를 파괴하지요. 20세기 후반 이에 대한 반성으로 친환경 건축, 생태 건축 운동이 전개됐어요. 1982년 독일 정부는 「생태 건축」이라는 보고서를 출간하는데, 이 보고서는 생태 건축을 "자연환경과 조화된 건축, 자원과 에너지를 생태학적 관점에서 최대한 효율적으로 이용한 건축"으로 정의하고 있습니다. 이러한 관점을 확대해서 보면, 인류 역사에서 생태 건축의 경향은 항상 있어 왔다고 할 수 있어요.

안동 하회 마을에 가 보면 친환경 주거 단지라는 느낌을 금방 받아요. 160여 채의 기와집과 200여 채의 초가집이 보존된 하회 마을은 600년 역사를 지닌 오래된 마을이에요. 전통적인 건축 재료로 지어진 기와집과 초가집이 한데 어우러져, 자연과 인간이 공생하는 친환경 주거 단지의 전형을 보여 주고 있습니다. 이 마을을 보면 건축은 독립하여 존재하는 것이 아니라, 자연과 조화를 이루면서 형성되어 온 것을 알 수 있습니다.

그런데 서울의 주거 문화는 어떨까요? 우리나라 전체 인구의 절반 이상이 수도권에 몰려 살고 있고, 그 가운데 60퍼센트 이상이 아파트에 살고 있어요. 똑같은 높이, 똑같은 평면, 똑같은 형태로 복제된 아파트는 대량 생산된 제품처럼 대도시 서울의 스카이라인을 지배하고 있습니다. 이러한 건축에는 개발의 논리만 있지 환

안동 하회 마을

ⓒ 시사IN

경에 대한 배려가 없어요. 건물을 조금이라도 더 짓기 위해 잘 흐르는 하천을 콘크리트로 덮어 버리거나 산등성이를 파헤쳐 인공적인 모습으로 바꾸어 놓지요. 건축이 환경 파괴의 주범이라 할 수 있지요.

통계에 의하면 이산화탄소 배출량의 3분의 1을 건축 산업이 내뿜고 있다고 합니다. 자연환경과 어울리는 건물을 짓는 일 못지않게 지구 온난화의 주범인 이산화탄소의 배출량을 줄이려는 노력이 필요합니다. 자연에는 햇빛도 있고 바람도 있고 땅속의 지열도 있어요. 자연의 원리를 잘만 받아들이면 이산화탄소 배출의 주범인 화석 연료를 사용하지 않고도 실내 기후를 조절할 수 있으니까요.

우리 선조들이 살던 한옥의 대청마루가 시원한 이유가 무엇인지 아는지요? 맞통풍이 되기 때문이에요. 여름철에는 남동풍이 부는데 남쪽과 북쪽의 창을 열어 두면 바람이 집을 관통해 선풍기나 에어컨이 없어도 시원하게 지낼 수 있어요. 우리나라 사람들이 남향집을 선호하는 것은 겨울철 따뜻한 햇볕이 실내에 파고들기 때문입니다. 햇볕이 들어오는 남쪽의 창을 크게 하고, 북쪽의 창을 적게 하면 에너지 소비를 줄일 수 있어요.

이렇듯 과거의 건물에서 친환경 설계 기법을 배울 수 있습니다. 팔만대장경이 보관되어 있는 해인사 장경판전 건물이 대표적인 경우입니다. 나무는 오래되면 벌레 먹고 비틀리고 썩기 마련이지만 해인사에 보관된 8만 장이 넘는 목판은 옛 모습을 그대로 간직하고 있어 감탄을 자아냅니다.

해인사 장경판전 외관

제작된 지 700년이 넘었는데도 목판이 썩지 않는 비밀은 뭘까요? 목판이 보관된 건물의 창살 구조에 그 비밀이 숨어 있습니다. 대장경을 보관하는 장경판전은 해인사 경내의 맨 뒤쪽에 위치해 있는데, 기둥과 기둥 사이 벽체마다 서로 다른 크기의 살창이 위 아래에 하나씩 나 있는 것을 볼 수 있어요. 정면은 위창이 작고 아

주니어 대학

래창이 큰데 비해, 뒷면은 반대로 위창이 크고 아래창이 작게 나
있어 밖에서 들어온 공기가 건물 내부를 한 바퀴 돌아 나가는 대

해인사 장경판전 내부

류 현상이 자연스럽게 일어납니다. 별것 아닌 것 같지만 인공 설비
가 전혀 없이도 통풍과 환기가 완벽한 이유입니다.

　건물 바닥에도 비밀이 숨어 있어요. 땅을 파서 맨 밑에 모래와

횟가루를 섞어 깐 다음 중간에 숯을 넣고 맨 위에는 소금을 넣었다고 합니다. 습기가 많으면 빨아들이고, 가물 때는 습기를 내뿜는 자연 습도 조절 장치가 만들어진 것입니다.

팔만대장경을 보관한 목조 건물이 허술해 보인다고 해서 현대식 설비를 갖춘 콘크리트 건물을 지어 대장경 목판 일부를 옮겨 본 적이 있습니다. 그런데 곰팡이가 슬고 뒤틀림 현상이 생겨서 원래 그대로의 방법으로 보관하고 있대요. 현대식이니 최신이니 첨단이니 떠들지만 자연의 원리를 이용한 옛 조상들의 지혜를 뛰어넘지 못하는 것이지요.

바람의 순환 원리와 습도 조절 장치를 이용하면 기계 장치 없이도 적정한 실내 환경을 유지할 수 있다는 교훈을 우리는 배워야 합니다. 놀랍게도 이와 비슷한 자연의 원리를 아프리카에서 사는 흰개미가 알고 있었습니다.

흰개미 집 속에

친환경 건축의
비밀이?

스웨덴 건축가 벵트 베르네르는 한낮의 기온이 40도를 오르내리는 아프리카로 장기간 여행을 떠납니다. 짐바브웨에서 무려 6미터가 넘는 흰개미 집을 발견해 오랫동안 관찰합니다. 신기하게도 흰개미 집은 아무리 바깥 날씨가 덥고 일교차가 심해도 내부 온도를 일정하게 유지하고 있었어요. 흙으로 만든 흰개미 집의 내부는 서로 연결된 여러 개의 방과 통로로 구성되어 있고, 지표면 아래에 여러 군데 구멍이 나 있어 신선한 공기가 유입되도록 지어졌습니다. 땅속 통로를 통해 들어온 시원한 공기는 내부의 통로와 방들을 통과한 뒤 상부에 있는 구멍을 통해 바깥으로 배출됩니다. 그래서 흰개미 집은 온도 30도, 습도 61퍼센트를

아프리카 흰개미 집

늘 유지한다고 합니다. 베르네르는 과학적 비밀이 숨겨진 흰개미 집을 스케치로 묘사한 다음 자신이 쓴 책에 실었어요.

이 원리를 건축에 적용한 사람은 아프리카에서 활동 중인 건축가 믹 피어스예요. 1990년대 초, 믹 피어스는 짐바브웨의 수도 하라레에 에어컨이 없는 상업 건물을 만들어 달라는 이색적인 주문을 받습니다. 여름이면 낮 기온이 섭씨 40도까지 올라가는 아프리카에 에어컨 없는 건물을 설계해 달라니 말도 안 되는 주문이었지요. 하지만 호기심 많은 그는 프로젝트를 흔쾌히 수락합니다. 그로부터 6년 뒤에 에어컨 없이도 실내 온도를 서늘하게 유지하는 10층 규모의 이스트게이트 센터를 완공합니다.

믹 피어스는 이 과제를 어떻게 해결했을까요? 해결의 열쇠는 흰개미 집에 숨어 있는 순환형 환기 시스템에 있었어요. 흰개미 집처럼 건물 옥상에 통풍구를 만들어 뜨거운 공기를 배출할 수 있도록 한 뒤, 지표면 아래 땅속에 구멍을 뚫어 찬 공기를 건물 내부로 끌어들이도록 했어요. 결과는 대성공이었습니다. 그가 설계한 건물은 한여름에도 에어컨 없이 실내 온도를 섭씨 24도 안팎으로 유지할 수 있었고, 에너지 비용과 이산화탄소 배출량도 다른 건물에 비해 엄청나게 줄일 수 있었으니까요. 대성공을 거둔 이스트게이트 센터는 에너지 절약형 건물의 모델이 됩니다.

다음으로 건축 재료와 환경과의 관계에 대해 생각해 보기로

해요.

독일의 환경 운동가이자 건축가인 훈데르트 바서는 건축물을 "제3의 피부"라고 불렀습니다. 제1의 피부가 인체의 피부이고, 제2의 피부는 몸을 감싸는 옷이며, 제3의 피부는 건축이라는 것이지요. 피부와 옷이 신체를 둘러싸 보호해 주는 것처럼 건축 역시 신체를 보호하는 역할을 하고 있어요. 옷을 입어 따뜻하게 지내는 것처럼, 벽으로 둘러싸인 공간에서 여름은 시원하고 겨울은 따뜻하게 보낼 수 있기 때문이지요.

태어나서 죽을 때까지 사람은 일생 동안 많은 시간을 실내 공간에서 보냅니다. 그렇기 때문에 실내 공간을 감싸는 재료가 인체에 해로움을 주어서는 절대로 안 되겠지요? 건물이 좋지 않은 화학 물질을 내뿜어 실내 공기를 악화시킨다고 상상해 봐요. 그런 공기가 내 몸속으로 들어간다고 생각하면 끔찍할 겁니다. 그렇기 때문에 최근에 지어지는 유치원은 내부에 친환경 마감재를 사용하도록 권장하고 있어요. 인체에 유해한 화학적 성분, 특히 폼알데하이드 성분이 들어간 재료는 사용하지 말자는 분위기입니다. 실크 벽지나 합판 마루 등의 시공에 사용되는 접착제는 독성 화학

이스트게이트 센터, 믹 피어스, 짐바브웨 하라레

물질로서 환경 호르몬을 발생시키고 아토피 피부염, 호흡기 질환을 일으키는 원인이 될 수 있으니까요.

건축물을 철거할 때 나오는 건축 폐기물도 심각한 사회 문제를 일으켜요. 단열재로 사용되는 석면과 스티로폼 같은 재료는 썩지 않을 뿐더러 분진이 발생해 공해를 일으킵니다. 그러니 재생 가능한 친환경 재료를 사용해 오염을 최대한 줄일 필요가 있어요. 건축에 사용되는 재료 하나하나가 인체의 건강과 지구 환경에 영향을 미치고 있다는 사실을 잊으면 안 되겠지요.

05

미래 도시,

우리는

어디서 살까

?

오래된 미래,

보존과 재생의 중요성

우리가 생각하는 미래의 건축은 어떤 걸까요? 옛 건물을 허물고 그 자리에 새로운 현대식 건물을 짓는 것이 진정한 미래일까요? 지난 20세기는 개발의 시대였어요. 산업화와 근대화라는 슬로건 아래 옛 건물을 허물어 버리고, 새로운 건물을 세우고자 하는 열풍이 너무나 거셌던 시기라고 할 수 있습니다. 우리나라도 예외는 아니었어요. 서울만 봐도 그래요. 19세기 초반까지 남아 있던 서울 사대문 안의 기와집과 초가집이 모두 사라지고 그 자리에 콘크리트와 유리로 지어진 고층 빌딩들이 들어서 있으니까요.

그러나 다가오는 미래에는 지나간 시대의 건축 유산을 지키려

오르세 미술관, 프랑스 파리

는 보존 운동이 한층 활발해질 것입니다. 그렇다고 해서 건물을 무작정 원형 그대로 보존하겠다는 것은 아닙니다. 외부 형태는 그대로 남겨 두고 내부의 모습이나 용도를 바꾸는 개조 작업을 리모델링 혹은 리노베이션이라고 합니다. 세계적으로 의미 있는 개조 작업은 발전소나 공장처럼 20세기 전반에 세워

파리 오르세 미술관과 베를린 함부르거 반호프 현대 미술관은 원래 기차역이었고, 뉴욕 허드슨 강 상류에 위치한 디아 비콘 미술관은 과자 포장 박스를 만들던 공장이었으며, 중국 베이징의 798미술관 지구는 마오쩌둥이 통치하던 1960년대에 붉은 벽돌로 지어진 공장 지대였다. 산업화 시대의 건물 외관은 그대로 둔 채, 내부를 새 용도로 개조해 세계적인 명소가 되었다.

진 산업용 건물에서 활발히 이루어지고 있어요. 생각해 보면 지난 100년 동안 엄청난 과학적인 진보가 이루어졌습니다. 전력의 생산 방식은 수력 발전에서 화력 발전을 거쳐 원자력으로 바뀌었고, 사람이 일일이 작업하던 공장은 로봇이 대신하는 자동화 시스템으로 모습을 바꾸어 가고 있어요. 급속하게 발전하다 보니 더 이상 사용할 수 없는 산업용 건물들이 속속 등장하게 되지요. 연기를 내뿜던 화력 발전소가 가동을 멈췄고, 모터 소리가 요란하던 공장의 기계가 멈췄어요. 개발업자들은 그 자리에 새로운 건물을 짓자고 하며 철거를 외칩니다.

　그런데 이런 건물들을 쓸모없다고 허물어 버리면 어떻게 될까요? 산업화가 이루어졌던 시대의 모습과 기억은 역사 속에서 모두 사라지겠지요. 이 때문에 인류 발전의 역사적 흔적이 담긴 건물을

보존하면서 내부를 현대적 기능으로 바꾸려는 움직임이 세계 곳곳에서 일어나고 있습니다. 가장 성공적인 개조 작업으로 알려진 템스 강변의 화력 발전소가 어떻게 바뀌었는지 알아볼까요?

우리나라의 한강처럼 런던을 가로지르는 템스 강변에는 20세기에 두 개의 거대한 화력 발전소가 세워집니다. 이곳에서 생산되는 전기는 유럽 최대 규모였고 영국인들의 삶에 엄청난 변화를 가져왔어요. 그러나 1970년대 밀어닥친 석유 파동으로 인하여 화력 발전소는 생명줄을 놓아야 했습니다. 기름 값이 고가 행진을 계속하자 더 이상 사업성이 없다는 판단이 내려진 것입니다. 결국 템스 강변의 화력 발전소는 18년이라는 짧은 기간 동안 가동되다가 1981년 문을 닫고 말지요.

붉은 벽돌로 지어진 발전소 건물은 몇 차례 철거 위기에 놓였는데 그럴 때마다 많은 사람이 건물을 구하기 위해 캠페인에 나섰고, 새로운 용도를 제안했습니다. 화력 발전소를 미술관으로 개조하자는 제안이 나오자 찬반이 엇갈렸어요. 오염 덩어리인 화력 발전소를 미술관으로 둔갑시키는 것은 쉽게 상상할 수 없는 일이었기 때문이에요. 2000년에 화력 발전소는 관람객들이 가장 많이 찾는 테이트 모던 미술관으로 멋지게 재탄생합니다.

테이트 모던 미술관은 세계에서 가장 높은 천장을 지닌 미술관입니다. 발전소의 터빈 공장이 있던 장소를 미술관으로 개조했기

주니어 대학

테이트 모던 미술관, 피에르 드 뮈롱, 자크 헤어초크, 영국 런던

졸페라인 수영장, 다니엘 밀로닉, 더크 파슈케, 독일 에센
졸페라인 탄광, 프리츠 슙, 마틴 크리머, 독일 에센

때문이지요. 사람들은 미술관 내부에 남아 있는 발전소의 흔적들을 둘러보며 미술품을 관람할 수 있습니다.

한 가지 사례를 더 들어 봅니다. 라인 강변 루르 공업 단지에 위치한 졸페라인 탄광은 제조업 강국 독일의 상징이었습니다. 연간 100만 톤의 석탄을 생산하던 공장 시설은 석탄 산업의 사양화로 1980년대 중반 문을 닫게 되어, 시설이 해체될 위기에 몰립니다. 그러나 이곳을 재활용하기 위한 계획이 수립되어 석탄가루가 날리던 검은 땅 졸페라인은 오늘날 최고의 문화 공간으로 재탄생했습니다.

석탄을 세척하던 장비들 사이에 박물관이 세워지고, 광부들의 샤워실은 극장으로 바뀌었어요. 석탄을 보관하던 거대한 저장고는 공연 무대와 미술 전시장으로 바뀌었고, 채굴한 석탄을 이동시키던 구조물들은 관광객들이 이동하는 연결 통로가 되었어요. 거대한 공장 사이에 독일 예술가가 디자인한 수영장이 자리잡고, 코크스 가공 공장의 냉각수를 보관하던 공간은 아이스 링크가 되어 사람들을 끌어모으는 역할을 하지요. 이곳을 찾는 관광객들은 거대한 공장 굴뚝 사이를 조깅하고 산책하며 문화를 마음껏 느끼게 됩니다.

성격은 다소 다르지만 이와 유사한 움직임이 우리나라에도 활발히 일어나고 있습니다. 한옥이 모여 있는 서울의 북촌 마을은 한때 살기 불편하다 하여 사람들이 떠났던 장소입니다. 하지만 최근 이곳은 서울에서 옛 모습이 남아 있는 거의 유일한 주거 단지로 각광을 받고 있어요. 외국인들은 내부를 개조한 한옥에서 하루 묵고 가는 것을 영광으로 생각합니다. 좋은 호텔을 내버려 두고 그들은 왜 이곳에서 굳이 머물려고 할까요? 이곳에는 한국인들의 삶과 건축 문화가 담겨 있기 때문이에요. 모든 문화에는 보편적인 문화와 지역성이 강한 문화가 있어요. 보편적인 문화는 세계 어느 곳에서나 쉽게 만날 수 있는 문화이지요. 콘크리트와 유리로 감싸인 건물은 뉴욕, 싱가포르, 홍콩, 두바이 등 세계 어느 곳에서나 쉽게 만날 수 있습니다. 그러나 한옥은 지역의 문화가 독특하게 담겨 있는 건축 양식으로, 우리 선조들의 생활이 담긴 건축인 것입니다.

우리의 건축 양식을 보존하고 지킬 때 우리의 건축 문화는 다른 지역과는 다른 독창성을 가질 수 있어요. 사용하기 불편하다 하여, 시간이 오래돼서 낡았다 하여 무조건 허무는 것은 우리의 미래를 버리는 일이지요. '오래된 미래'라는 말이 있듯이 보존하고 가꾸는 일 역시 건축의 미래를 준비하는 일입니다. 기억을 허물지 말고 다음 세대에 이어 주는 것이 지속 가능한 건축의 핵심이에요. 과거의 기억이 없는 도시는 미래에 대한 희망이 없는 도시와 다름없으니까요.

미래에 인간은

어디서
살 것인가?

북위 77도에 위치한 지구 최북단 마을 까낙에 사는 이누이트들은 여전히 자신들의 전통적인 생활 방식을 유지하고 있습니다. 그러나 지구 온난화로 북극의 얼음이 빠르게 사라지면서 삶터를 위협받고 있어요. 몇 십 년 후에는 북극곰마저 멸종될 것이라는 전망이 있습니다. 심지어 멸종 위기의 상황은 동물만이 아닌 인류의 미래일지도 모른다는 암울한 경고도 나옵니다.

《네이처》가 내놓은 미래 연구 보고서에 의하면 2050년쯤 지표면의 상당 부분이 수면 아래로 가라앉을 것이라고 합니다. 실제로 남태평양에 위치한 섬나라 투발루는 평균 고도가 해발 3미터에 불과해요. 지금 같은 속도로 해수면이 상승할 경우 80년 후에는

릴리패드, 빈센트 칼레바우트

완전히 물에 잠겨 세계 지도에서 영영 사라질 거라고 합니다. 게다가 인도양의 몰디브 역시 평균 고도가 1.5미터에 불과해 투발루와 같은 위기에 놓여 있어요.

벨기에 건축가 빈센트 칼레바우트는 해수면 상승으로 인한 거주 문제를 해결할 방법으로, 연꽃 모양을 본뜬 수상 도시 '릴리패드'를 제안했습니다. 상층부 전체가 녹지로 덮여 있는 릴리패드는 언뜻 보기에 바다에 펼쳐진 고급 휴양 시설처럼 보입니다. 그러나 해수면 상승으로 국토를 잃고 바다를 떠돌게 될 기후 난민들을 위한 수상 도시로 제안된 것입니다. 수상 도시에는 풍력을 이용한 녹색 기술과 태양 전지가 쓰이고, 빗물을 받는 인공 연못을 중앙에 두어 다양한 동식물의 서식지로 활용하게 된답니다. 산소와 전기를 자체 생산하고, 폐수와 쓰레기를 재활용하는 시스템을 갖추어 해양 생태계에 긍정적인 기여를 하도록 설계되어 있습니다.

이런 수상 도시는 결코 꿈 같은 제안이 아닙니다. 북해의 유전 지대에는 수백 명이 일하면서 거주할 수 있는 시설이 바다 위에 있어요. 깊은 바닷속에서 원유를 끌어 올리기 위해 작업을 하는 800명을 수용하는 6층 규모의 해상 주거 시설이 망망대해 위에 설치되어 있다고 하지요. 그러니 해상 도시는 충분히 실현 가능한 프로젝트라 할 수 있습니다.

해상 주거뿐만 아니라 해저 주거에 대한 연구도 활발히 이루어지고 있습니다. 1990년대에 미국이 주축이 되어 아쿠아리스라는 해저 주거를 발표했어요. 수심 20미터 해저에 설치된 아쿠아리스는 해양 과학자들이 해저 탐사와 연구를 위해 10일 정도 체류할 수 있는 시설입니다. 그곳에는 바닷속의 상황을 인터넷을 통해 송신하며 생활할 수 있는 공간이 마련되어 있다고 합니다.

인간이 달 착륙에 성공한 이후 우주 주거에 대한 계획도 발표되고 있습니다. 1984년 미국의 레이건 대통령이 우주에 항구적인 유인 우주 정거장을 건설한다는 정책을 발표한 이후 미래 지향적인 계획안들이 발표되어 왔습니다.

가까운 일본에서도 달에 주거 공간을 설치하는 계획을 내놓은 적이 있습니다. 그들이 내놓은 '에스카르고 시티 2050'에는 주거동을 비롯하여 식량을 자급자족할 농장과 연구 시설, 실험 시설, 사무소 등이 계획되어 있어요. 건축가는 이처럼 현실의 문제 너머까지 다루곤 합니다. 인류의 미래를 걱정하고 연구하는 미래학자라고도 할 수 있습니다.

삶의 변화를
고려한

미래 건축

21세기를 정의하는 단어 중에 '노마드(유목민)'라는 단어가 있습니다. 우리가 알고 있는 사전적 의미의 유목민은 가축을 기르기 위해 목초지를 찾아 이동하며 생활하는 민족을 가리키지요. 그러나 21세기형 노마드는 직업이나 주거, 가정 등 거처를 수시로 바꾸는 불안정한 도시 유목민을 뜻합니다.

2000년대 들어 세계 인구의 6분의 1이 이동을 하며 살고 있고, 그들은 삶의 가치관과 거주 방식을 빠르게 바꾸어 간다고 합니다. 노트북과 스마트폰만 있으면 어디서든 정보를 입수할 수 있고 네트워킹이 가능해지면서 고정된 장소에서 벗어나 거처를 옮겨 가면서 삶을 즐길 수 있는 시대가 온 것이죠. 이러한 사회 변화에 맞추어 모바일 하우스로 불리는 이동식 캠핑카가 등장하면서 생활의 모습이 달라지고 있어요. 모바일(mobile)이란 '움직일 수 있다.'는 의미를 지닌 단어입니다. 건축은 언제나 장소를 전제로 이루어졌기에 움직이는 건축이라는 말은 생소할 수도 있어요.

현대 건축에 이동성에 대한 개념을 심어 준 건축가는 1960년대 영국에서 활동했던 아키그램(Archigram)이라는 건축 그룹입니다. 그들이 내놓은 건축 작품들은 미래를 다룬 공상 과학 소설이나 SF 영화를 보는 것처럼 매우 실험적이에요. 워렌 초크와 론 헤론, 피터 쿡 등 여섯 명의 젊은 영국 건축가들이 결성한 아키그램은 워킹 시티(걸어 다니는 도시), 캡슐 주택처럼 이동성과 가변성을 주제로 한 건축 작품을 내놓아 주목을 받습니다. 아키그램은 건축을 이동 가능한 장치로 보았어요. 건축을 기계처럼 결합시키고 변화시킬 수 있는 부품의 결합으로 본 것이지요. 아키그램처럼 진보적인 건축가들은 미래의 삶을 예측해 새로운 유형의 건축을 만들어 가고 있습니다.

이보다 더 현실적인 미래를 걱정하는 사람들도 있습니다. 이들은 인구 구조의 변화를 예의 주시합니다. 현재 우리나라는 출산율이 저하되고 의학이 발달하면서 노인 인구가 폭발적으로 늘어나고 있어요. 과거에는 대가족 제도가 보편적이었지요. 그러나 사회가 발전할수록 도시화 현상이 가속화되면서 점점 가족 구성원

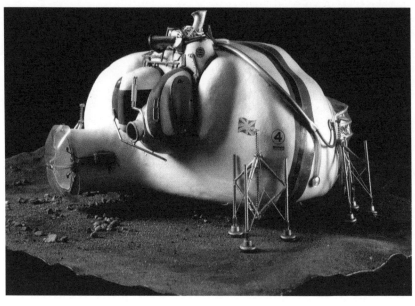

이동식 주거, 모형 사진, 데이비드 그린, 아키그램

의 수는 적어졌지요. 2010년 통계에 따르면 1인 가구와 2인 가구의 비율이 무려 48퍼센트를 넘습니다. 4인 이상의 가구가 주류를 이루던 과거와 비교하면 엄청난 변화입니다. 2035년에는 1인 가구와 2인 가구의 비율이 전체의 70퍼센트에 육박하게 될 것이라는 전망도 나옵니다.

65세 이상 인구가 총인구의 7퍼센트가 넘는 사회를 고령화 사회라고 하고 14퍼센트 이상을 고령 사회, 20퍼센트 이상을 초고령화 사회라고 말한다. 우리나라는 아주 빠른 속도로 초고령화 사회로 진입하고 있으며, 2020년이 되면 5명 중 1명이 노인인 초고령화 사회로 바뀐다고 한다.

이것은 주택 수요의 큰 변화를 예고합니다. 결혼을 하지 않고 혼자 살거나 자식을 낳지 않고 부부 둘이 사는 가구가 늘어나면서 소형 주택의 수요가 늘어날 수밖에 없는 상황이에요. 출산율 감소에 따른 가족 규모의 축소, 독신자 가구의 증가, 맞벌이 가족의 증가는 주택의 크기와 주택의 평면에도 적지 않은 영향을 미칠 거예요. 더 이상 여러 개의 방과 화장실을 갖춘 큰 면적의 주택을 지을 필요가 없는 것이지요. 더 큰 문제는 노인 혼자 사는 가구의 증가입니다. 통계청은 65세 이상 노인이 혼자 사는 가구 수는 2035년에는 현재보다 약 3배 이상 늘어날 것으로 예상했습니다.

노인을 위한 복지 시설과 요양 시설, 장애 노인을 위한 재활 시설이 더 많이 필요해질 것입니다. 이 문제를 건축적으로 어떻게 접근해야 하는가는 큰 과제가 아닐 수 없습니다. 누구나 언젠가는 노인이 됩니다. 누구나 불의의 사고로 장애인이 될 수 있습니다. 모든 시설은 모든 사람들이 활용하는 데 어려움이 없도록 계획되어야 합니다. 이를 일컬어 유니버설 디자인이라고 하고, 배리어 프리 디자인이라고도 합니다. 장애인을 위해서 문턱이 없고 휠체어를 이용할 수 있도록 건축을 하는 것입니다. 이러한 시설과 환경을 만들어 주는 일이 건축이 책임져야 할 중요한 과업 가운데 하나입니다. 다가올 미래의 변화와 사회 구조를 미리 예측하여 대비하는 일을 건축이 해야 합니다. 핀란드의 건축 정책에 밝혀져 있듯이 건축은 사람을 행복하게 해 주기 위해 존재하는 것이니까요.

주니어 대학

2부

위대한
건축가들

01

스페인의

건축 천재

가우디

자연에서

건축을
배우다

　이집트의 피라미드, 그리스의 파르테논 신전, 이탈리아의 피사의 사탑, 이들의 공통점은 유네스코에서 세계 문화유산으로 지정한 건축물이라는 점이에요. 건립된 지 수천 년 수백 년이 넘은 문화유산들이죠. 그런데 스페인 바르셀로나에는 지어진 지 불과 100년 남짓한 일곱 개의 건물이 세계 문화유산으로 지정되어 있어 눈길을 끌어요. 놀라운 점은 이 모두가 스페인이 자랑하는 건축가 안토니오 가우디가 설계한 건물이라는 사실입니다.

　인구 300만 명의 도시 바르셀로나를 방문하는 관광객은 한 해에 2,000만 명이 넘는다고 합니다. 이처럼 많은 사람들이 가우디가 설계한 건물을 둘러보며 건축이 진정한 예술임을 깨닫습니다.

사람들이 가우디의 건축을 왜 그토록 좋아하는지, 왜 가우디를 위대한 건축가로 칭송하는지 그의 생애와 업적을 살펴보기로 해요.

가우디의 건축은 신화가 담긴 그림처럼 궁금증을 자아냅니다. 그가 설계한 건축 속에 들어가면 신비스러운 이야기 속으로 여행하는 듯한 기분이 드는 것은 이전까지 있었던 어떠한 건축으로도 설명할 수 없는 독특함이 숨겨져 있기 때문이에요. 가우디 이전에는 반듯반듯한 직선과 사각형으로 지어졌지 자유로운 곡면으로 처리된 건물은 거의 없었거든요.

파도치는 듯한 벽면, 용이 꿈틀거리듯 길게 이어진 벤치, 식물

바르셀로나 인근 몬세라트 산

을 모방한 듯한 기둥과 천장 장식, 불안하게 이어지는 미로, 동화 속에 들어온 듯한 공상적인 분위기는 가우디의 작품에서만 볼 수 있는 요소들입니다. 가우디는 어떻게 해서 이런 건물을 지었을까요? 자연을 스승으로 삼았던 그의 성장 배경 속에서 그 실마리를 찾을 수 있어요.

가우디는 1852년 6월 25일 스페인 북동부 지중해가 바라다보이는 작은 산골 마을 레우스에서 가난한 대장장이 아들로 태어납니다. 5남매 가운데 막내인 그는 다섯 살 때부터 류머티즘성 관절염을 앓으면서 또래 아이들과 뛰어놀지 못하고, 근처 숲과 바다에서

카사 밀라의 옥상, 가우디, 스페인 바르셀로나

자연을 벗 삼아 혼자 놀곤 했습니다. 조용히 홀로 지낸 시간들은 그에게 자연에 대한 뛰어난 관찰력과 분석력을 갖게 해 주었어요. 어린 가우디는 물의 흐름, 나뭇가지의 모습, 뼈의 모습, 온갖 자연의 모습에 흥미를 갖게 됩니다.

자연은 가우디의 스승이었고 참고서였어요. 마을 주변에 흩어져 있는 오래된 건축물 또한 좋은 놀이터이자 학습장이었습니다. 마을 주변 성당 건축을 둘러보며 어떻게 세워졌는지, 세부 장식들이 어떻게 구성되어 있는지를 알게 됩니다.

가우디는 바르셀로나 북서쪽에 있는 몬세라트 산을 특히 좋아했습니다. 산봉우리 1,500여 개가 솟아 있는 바위산의 신비로움과 웅장함은 훗날 가우디가 사그라다 파밀리아 대성당과 카사 밀라를

설계하는 데 많은 영감을 제공했어요. 그가 어린 시절 눈여겨 관찰했던 자연의 모습들은 머릿속에 차곡차곡 저장되어 훗날 건축으로 나타납니다.

자연에서 영감을 얻다 보니 가우디가 남긴 건축은 요즘 지어지는 건축처럼 차갑지 않아요. 공장에서 대량 생산된 재료로 조립해낸 느낌이 전혀 없습니다. 진흙으로 빚어낸 조각처럼, 손으로 빚어낸 공예품처럼 정성 들여 만들어 낸 따뜻한 사람의 손길, 즉 장인 정신이 느껴져요. 실제로 그의 몸에는 장인의 피가 흐르고 있어요. 할아버지부터 아버지 대에 이르기까지 구리로 솥과 그릇을 만드는 대장장이였으니까요.

어린 시절부터 건축에 관심이 많았던 가우디는 1869년 바르셀로나 시립 건축 학교에 입학하지만 성적은 그리 좋지 않았어요. 가우디가 수업 시간에 제출한 도면들은 너무나 독특하고 대담한 나머지 교수들로부터 인정을 받지 못했기 때문이에요. 졸업도 간신히 했어요. 졸업 작품을 제출하지만 너무나 독특해 가장 낮은 점수로 겨우 통과되었거든요. 학교 다닐 때는 크게 인정을 받지 못했지만, 구엘이라는 후원자를 만나면서 위대한 건축가로 성장할 수 있었지요.

좋은 건축은

좋은 건축주와
만남에서

사업가 구엘은 1878년 파리 만국 박람회에서 매혹적인 장갑 진열장을 발견하고 감탄한 나머지 한동안 시선을 떼지 못해요. 구엘은 누가 진열장을 디자인했는지를 캐물었는데, 바로 대학을 갓 졸업한 가우디였어요. 예술 후원자 구엘과 가우디의 만남은 이렇게 시작됩니다. 가우디보다 여섯 살 연상인 구엘은 백작 작위까지 받은 성공한 사업가입니다. 이들의 관계는 구엘이 1918년 사망할 때까지 40년 동안이나 지속됩니다.

가우디가 활동하던 19세기 후반 바르셀로나는 산업 혁명의 소용돌이 속에 있었습니다. 인구가 늘어나고 도시가 확대되어 교외에 주택지가 새롭게 생겨나던 변화의 시기였지요. 이때 기업을 일

카사 바트요, 가우디, 스페인 바르셀로나

카사 밀라, 가우디, 스페인 바르셀로나

으켜 돈을 많이 번 사업가들이 등장했는데 방적 공장으로 돈을 많이 번 구엘도 그중 한 사람이었어요. 구엘은 1886년부터 구엘 가문의 모든 건축 일을 가우디에게 맡깁니다. 그리하여 구엘 별장, 구엘 궁전, 콜로니아 구엘 성당, 구엘 공원이 탄생됩니다.

가우디는 주택 작품을 많이 남겼어요. 재력 있는 중산층들로부터 주택 설계를 의뢰받았기 때문이지요. 대표작으로 '카사 바트요'와 '카사 밀라'라는 건물이 있습니다. 카사(Casa)는 스페인 말로 주택이라는 뜻이에요. 바트요라는 사람이 의뢰한 집이라서 '카사 바트요'라고 부르고, 밀라라는 사업가가 의뢰한 집이라서 '카사 밀라'라고 불러요.

바트요로부터 그라시아 거리의 허름한 6층 주택을 개조하는 작업을 의뢰받은 가우디는 엄청난 상상력을 펼쳐요. 해부학에 빠져 있던 그는 건물의 외관을 하나의 신체로 여겼어요. 카사 바트요의 발코니는 한눈에 봐도 인체의 모습을 연상시킵니다. 뼈들을 주워다 기둥으로 삼은 듯한 섬뜩한 느낌도 들지요. 지붕은 물고기 비늘을 연상시키는 기와로 덮여 있는데, 바다와 용의 모습을 의미한다고 해요. 카사 바트요는 그라시아 거리의 분위기를 단박에 바꾸어 놓았습니다. 덕분에 가우디의 명성은 하늘을 찌를 듯이 높아져요.

낡은 건물이 화려하게 바뀌는 과정을 지켜본 사업가 밀라가

1905년 가우디를 찾아가 가르시아 거리 모퉁이에 집을 지어 달라고 의뢰했습니다. 가우디는 시간과 예산에 신경을 쓰지 않고 오직 자신만의 독특한 예술 세계를 고집하며 계획안을 밀고 나갔어요. 파도치는 물결 모양의 돌로 마감된 건물 모습이 드러났을 때 적지 않은 비난과 조롱이 뒤따랐죠. 집이 아니라 돌덩어리 같다고 했습니다. 결국 카사 밀라에는 채석장이라는 별명이 붙습니다.

카사 밀라의 물결치는 듯한 벽면에는 150개의 창이 나 있고 발코니에는 쇳조각으로 식물 덩굴처럼 만든 난간을 설치했어요. 건물의 입면은 몬세라트 산의 구불구불한 암석을 연상시키고 옥상의 굴뚝들은 투구를 쓴 병정의 모습을 연상시킵니다. 20세기 건축 베스트 10에 선정될 정도로 독특함을 갖추고 있는 카사 밀라는 거대한 조각 작품과도 같아요. 건축물이 아니라 인간이 만든 거대한 자연처럼 보이니까요.

천상의 건축,

사그라다 파밀리아
대성당

　　가우디가 남긴 최고의 걸작인 사그라다 파밀리아 대성당은 가족들이 모여 기도하기 위한 성당으로 성가족 교회로 부르기도 해요. 1882년 비야르라는 건축가에 의해 공사가 시작되지만, 곧바로 가우디로 교체되었어요. 그와 동시에 이 세상에서 가장 성스럽고 가장 아름다운 성당의 모습이 가우디의 머릿속에서 그려지기 시작했지요. 가우디는 자신이 쌓아 온 모든 경험을 모아 최고의 걸작을 만들 것이라고 다짐하며, 1883년부터 1926년에 사망할 때까지 무려 43년간 성당 건축에 헌신합니다.

　　성당은 세 개의 파사드로 구성되어 있어요. 파사드는 출입구가 나 있는 정면을 뜻하는데, 주 출입구인 동쪽 파사드는 예수의 탄생을 뜻하고 서쪽 파사드는 예수의 수난을 상징하며 남쪽 파사드는 신의 영광에 바쳐진 것이지요. 성당의 실내는 나무숲을 닮도록 했으며, 나뭇가지를 닮은 기둥들이 떠받친 둥근 천장에는 별 같은 형상들이 배치되어 있어 천국을 상징하는 듯합니다. 100미터가 넘는 탑들은 옥수수 다발을 세워 놓은 것처럼 생겼는데, 바르셀로나 인근에 위치한 몬세라트 산의 봉우리에 비유되기도 해요. 세 개의 출입구마다 네 개의 탑이 올려져 모두 열두 개의 탑으로 구성되는데, 이것은 예수의 열두 제자 12사도를 상징한다고 합니다. 한용운이 지은 「님의 침묵」에서 님은 조국을 상징하기도, 사랑하는 사람을 상징하기도 한다고 하죠. 시인이 시를 쓰면서 상징의 수법을 쓰듯이 건축가도 설계를 하면서 상징적인 의미를 부여하려고 노력해요. 성당 같은 종교 건축은 특히 상징성이 많이 나타나는 건물이지요.

그런데 이 건물은 아직 공사 중입니다. 과연 언제쯤 완공될까요? 공사 책임자는 완공 시기를 가우디 사망 100주년을 맞이하는 2026년으로 잡고 있지만 헌금과 입장료에서 얻은 수익금으로 건설비를 충당하고 있기 때문에 언제 완공될지는 불확실해 보여요.

가우디는 죽기 10년 전부터 성당에서 인부들과 숙식을 같이하면서 수도자처럼 생활했어요. 온종일 공사 현장에서 도면을 그리고 작업을 지시하고는 하루에 한 번씩 꼭 산책을 나섰어요. 고질

사그라다 파밀리아 대성당 천장,
가우디, 스페인 바르셀로나

적으로 앓아 온 관절염 때문에 운동이 필요했거든요.

1926년 6월 7일 오후 5시 무렵, 가우디는 여느 날처럼 성당을 나서 산책하다가 불행히도 전차에 치여 74세의 나이로 사망했어요. 장례식이 거행되던 날 수많은 바르셀로나 시민들이 그의 운구를 따라가며 슬퍼했습니다. 가우디의 시신은 성자들만이 묻힐 수 있는 사그라다 파밀리아 대성당 지하에 묻혔지요. 바르셀로나의 일간 신문은 그의 죽음을 이렇게 시민들에게 알렸습니다. "바르셀로나의 한 천재가 우리 곁을 떠났다. 돌마저도 그를 위해 울고 있다."라고. 그의 묘비에는 "모범적인 삶을 살아온 사람으로 대예술가이며 경이로운 성당을 세운 건축가"라는 내용이 적혀 있습니다.

1984년 가우디가 설계한 구엘 공원, 구엘 궁전, 카사 밀라가 유네스코 세계 문화유산으로 처음 지정됩니다. 이어서 2005년에는 사그라다 파밀리아 대성당, 카사 비센스, 카사 바트요, 콜로니아 구엘 성당도 세계 문화유산에 포함되지요. 건축가로서 이보다 더 큰 영광이 어디 있을까요?

가우디가 있었기 때문에 세상 사람들은 건축이 위대하다는 사실을 알 수 있습니다. 인간의 창조력이 얼마나 무한하고 얼마나 위대한지를 그가 남긴 건축물들은 생생하게 전해 주고 있으니까요.

사그라다 파밀리아 대성당, 가우디, 스페인 바르셀로나

02

현대 건축의

길을 연

르코르뷔지에

좋은 스승을 만나

건축에
입문하다

스위스의 10프랑짜리 지폐를 보면 동그란 안경을 걸친 사람 얼굴이 들어 있어요. 화폐에 등장할 정도면 세종 대왕이나 이이에 버금가는, 사회적으로 꽤나 비중 있는 인물이겠지요. 그런데 이 사람은 정치가도 사상가도 아닌 건축가입니다. 그가 건축 활동을 시작하던 1900년대 초반, 예술 분야에서는 엄청난 변화와 실험들이 이루어졌어요. 피카소, 마티스, 몬드리안, 칸딘스키 같은 화가들이 새로운 형식을 마구 쏟아 내던 시점이에요. 이때 건축의 표현 형식도 크게 바뀌기 시작했지요. 그 변화를 주도한 사람이 건축을 통해 사회를 개혁하고자 했던 건축가 르코르뷔지에입니다.

피카소를 빼고 현대 미술의 역사를 얘기할 수 없듯이 르코르뷔지에를 거론하지 않고는 20세기 건축의 역사를 서술하기 어려울 정도로 그가 남긴 영향력은 크다고 할 수 있어요. 지금도 많은 건축 전공 학생들이 설레는 마음으로 그가 남긴 건축물을 답사하면서 그의 건축 이론을 배우려고 노력하니까요.

르코르뷔지에는 1887년 10월 6일, 침엽수림이 울창한 스위스 쥐라 산맥의 골짜기 라쇼드퐁에서 태어났어요. 라쇼드퐁은 시계 산업이 발달한 작은 도시로, 르코르뷔지에의 아버지는 시계 문자판 도안가로서 시계 공장에서 일했어요. 어머니는 피아노 교사였는데 "하고자 마음먹은 것은 끝까지 해 내라."라고 입버릇처럼 말했지요. 도전 정신이 담겨 있는 이 말은 훗날 르코르뷔지에의 좌우명이 됩니다.

스위스의 10프랑 지폐

열세 살 때 시계 장식과 조각 공예를 가르치는 라쇼드퐁의 미술 학교에 입학한 르코르뷔지에는 내심 조각가가 되고 싶었어요. 그러나 파리 유학을 마치고 미술 학교

에 부임한 레플라트니에 선생은 건축을 하라고 권유합니다. 학생 가운데 가장 능력이 뛰어났던 르코르뷔지에가 좀 더 넓은 분야에서 일하길 바랐던 것이지요. 스승의 강한 권유로 건축을 공부하기로 했지만 시작은 막연했어요. 미술 학교인 탓에 건축과 관련한 구조와 재료, 수학과 물리에 관한 교육이 거의 이루어지지 않았으니까요. 개인적으로 노력해서 지식을 익혀 나갈 수밖에 없었지요.

미술 학교를 졸업한 르코르뷔지에는 스승의 권유로 알프스를 넘어 이탈리아 여행을 떠납니다. 건축가가 되려면 고전 문명의 근원인 이탈리아를 둘러볼 필요가 있기 때문이에요. 피렌체, 베네치아, 로마의 건축을 보며 건축의 이치를 하나둘 터득해 갔지요. 그는 여행에서 돌아와 베를린의 설계 사무실에서 잠시 건축을 배운 다음 또다시 터키와 그리스를 거쳐 이탈리아로 향하는 여행길에 오릅니다. 이 여행이야말로 건축에 대한 새로운 감각을 일깨운 결정적 계기가 됩니다. 어린 시절을 쥐라 산맥의 컴컴한 전나무 숲과 안개 낀 계곡에서 보낸 그는 지중해의 찬란한 햇빛과 눈부신 백색 건물에 크게 감동합니다. 1920년대 그가 설계한 주택 대부분이 백색인 것은 이때의 경험 때문이라고 할 수 있어요.

르코르뷔지에는 아크로폴리스 언덕의 파르테논을 보는 순간 아름다운 비례와 장엄함에 매료되었습니다. 그로부터 무려 4주 동안 파르테논 신전을 실측하고 스케치를 하면서 왜 아름다운지를 하나하나 관찰하고 연구해요. 훗날 그의 건축에 나타나는 아름다운 질서와 비례 개념은 이때 형성된 것이라 할 수 있어요. 이 여행을 마지막으로 4년에 걸친 건축 수련 기간은 끝을 맺게 됩니다.

그는 늘 가로 10센티미터, 세로 17센티미터 크기의 작은 스케치북을 들고 다녔다고 해요. 보고 관찰한 것을 연필과 색연필로 스케치하고 메모로 남기기 위해서였지요. 그가 위대한 건축가가 될 수 있었던 것은 이러한 습관이 있었기 때문입니다. 스케치로 남겼던 이미지들은 훗날 그가 설계한 건축에 새로운 아이디어로 반영돼서 나타납니다. 훌륭한 건축가가 되길 원한다면 눈으로 본 것을 스케치북에 옮겨 보는 작업을 게을리하지 말아야겠죠.

새로운 건축을

향하여

인생에 있어서 20대는 꿈을 키워 가는 시기이자 부족함을 깨달아 가는 시기라 할 수 있어요. 르코르뷔지에의 20대도 그랬어요. 건축을 배우기 위해 페레의 사무실에서 근무한 14개월의 경험은 그를 강인한 사람으로 변모시켰습니다. 페레는 에펠탑 근처 프랭클린 거리의 아파트를 철근 콘크리트 구조로 설계한 건축가로, 당시 건축계에서는 혁명적인 인물로 평가받았어요. 파리에서는 그런 건물을 찾아보기 어려운 때였으니까요. 철근 콘크리트 건축이 이 세상에 막 출현하던 무렵, 이 분야의 개척자를 만났으니 건축을 막 배우려는 르코르뷔지에로서는 행운이 아닐 수 없었습니다.

르코르뷔지에의 건축 인생에 있어서 회초리 같은 존재였던 페레는 매섭게 그를 교육시켰어요. 그럴 때마다 자신의 무능력과 무지함에 화가 치밀었지만 자신의 미래를 위해서는 반드시 극복해야 할 과제라고 생각했어요. 건축은 조각처럼 단순한 게 아니라는 사실, 원하는 형태와 공간을 만들어 내기 위해서는 기술적인 지식과 논리성이 필요하다는 사실, 건축가는 예술적 감각뿐만 아니라 조직적인 두뇌를 가진 사람이어야 한다는 사실을 이때 처음으로 알게 됩니다.

르코르뷔지에가 살던 20세기 초반은 격변기로 비행기가 처음으로 하늘을 떠다니고 자동차가 거리를 질주하는 등 새로운 기계 문명의 결과물들이 나올 때였어요. 르코르뷔지에는 세상이 이처럼 변하는데 건축도 변해야 된다는 생각이 들었어요. 새로운 시대에 걸맞은 건축은 어떤 것일까 고민한 끝에 건축도 기계를 닮아야 한다는 결론에 이릅니다. 자동차를 만들어 내는 것처럼 건축도 현대적인 기술과 법칙이 있어야 한다는 생각이었지요.

그는 철근 콘크리트 구조 속에서 새로운 건축의 원리들을 찾아냈어요. 돌과 벽돌로 육중하게 쌓아 올리는 조적조 건축 대신에 철근 콘크리트를 이용하면 건물을 기둥으로 사뿐히 들어 올릴 수 있고, 지붕을 수평으로 처리해 옥상에 정원과 일광욕장을 만들 수 있고, 평면과 입면을 마음대로 구성할 수 있고, 창도 마음대로 길게 뚫을 수 있었습니다. 이러한 내용을 정리해 '새로운 건축을 향한 5원칙'을 발표합니다. 오늘날에 보면 평범해 보이는 원리들이지만 당시에는 매우 혁신적인 이론이었지요. 1931년에 완공된 사보아 주택은 다섯 가지 원리들을 명확히 보여 주고 있어요.

파리에서 20킬로미터 떨어진 푸아시라는 마을의 풀밭 위에 사뿐히 올려진 사보아 주택은 보험 회사에 다니는 사보아를 위해 설계된 주말 주택으로 20세기에 지어진 주택 중 가장 훌륭한 건축으로 불려요. 믿을 수 없을 정도로 가느다란 기둥 위에 올라앉아 있는 순백색의 건물은 과거 어떠한 주택에서도 볼 수 없던 현대적인 모습이에요. 한때 헐려 나갈 위기도 있었지만 건축의 역사에서 차지하는 의미가 얼마나 깊던지 건축가의 생전인 1965년에 문화재로 지정됩니다. 르코르뷔지에는 건축을 통해 시대를 바꾸고 싶어했던 혁명가였어요.

사보아 주택, 르코르뷔지에, 프랑스 푸아시 © F.L.C./ ADAGP, Paris, 2013

20세기

최고의 건축가로
남다

1950년대 초반 르코르뷔지에는 콘크리트를 이용한 또 다른 실험에 돌입해요. 롱샹 교회를 설계하면서 콘크리트를 이용해 자유로운 곡면의 형태를 만들어 내는 일에 몰두합니다. 마치 조각가가 진흙으로 자유로운 형태를 빚는 것처럼, 하늘로 치켜 올라간 롱샹 교회 지붕의 선을 보면 철근 콘크리트로 어쩌면 저렇게 아름다운 곡면을 빚어낼 수 있는지 감탄하게 돼요.

그는 콘크리트라는 재료를 사용해 건축이 예술이라는 사실을 확인시켜 주었어요. 물질(재료)에 혼(정신)을 불어넣는 작업이 조각가의 역할이라고 할 수 있는데 르코르뷔지에가 바로 그런 건축가였어요. 그의 건축에는 미켈란젤로의 조각처럼 시대가 바뀌어도 변하지 않는 건축의 본질과 미적 감각이 서려 있습니다.

그는 손에서 책을 놓지 않고 평생을 보낼 정도로 인문학적 상상력을 지닌 건축가였어요. 그뿐 아니라 자신의 건축론을 펼친 책을 열 권 넘게 쓴 저술가였지요. 역사상 이렇게 많은 책을 저술한 건축가는 일찍이 없었습니다. 무슨 이유로 르코르뷔지에는 많은 저서를 남겼을까요?

사회를 개혁하는 일은 정치가나 사상가가 하는 일이라는 생각이 들지만, 르코르뷔지에는 건축을 통해 사회가 개혁되고 발전되길 원했습니다. 다가오는 미래에 건축은 어떻게 발전되어야 하는가? 주택 문제는 어떻게 해결해야 하는가? 같은 생각들을 많은 사람에게 알리고 싶어 했지요. 그래서 『건축을 향하여』라는 책을 1923년에 내놓았고, 이후 『내일의 도시』, 『빛나는 도시』, 『오늘날의 장식 예술』 등의 책을 이어서 발표합니다.

현대 건축의 가장 중요한 이론서로 평가받는 『건축을 향하여』에서 그는 이렇게 외쳐요. "위대한 시대가 시작되었다. 거기에는 새로운 정신이 존재한다. 주택 문제는 이 시대의 문제이다. 사회적 균형을 해결할 수 있는 열쇠는 바로 건축에 있다."라고요.

그의 탐구 영역은 건축에 머물지 않고 도시 문제로 확대됩니다. 미래에 더 나은 삶을 살기 위해 건축은 어떻게 변화해야 하는가에 골몰한 끝에 「인구 300만을 위한 도시 계획」을 발표하면서 고

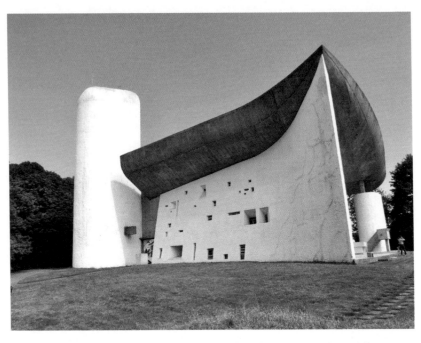

롱샹 교회 외관과 내부, 르코르뷔지에, 프랑스 오트손 롱샹 © F.L.C./ ADAGP, Paris, 2013

층 건물로 구성된 미래 도시에 대한 아이디어를 최초로 내놓아요. 고층 아파트로 구성된 현대의 도시는 바로 르코르뷔지에가 창안해 낸 개념이라고 할 수 있어요.

르코르뷔지에는 1965년 8월 27일 프랑스 남부 해안가에서 수영을 하다가 심장 마비로 숨을 거둬요. 그의 시신은 그가 설계한 라 투레트 수도원에서 하루 묵은 후, 루브르 광장으로 옮겨져 성대한 장례식이 거행됩니다. 장례식에는 다른 나라에서 온 많은 건축가가 참여했습니다. 아테네에서 달려온 그리스 건축가들은 파르테논에서 가져온 흙을 그의 묘에 뿌렸고, 인도 건축가들은 갠지스 강에서 퍼 온 물을 그의 묘에 바쳤습니다.

오늘날 건축을 배우는 많은 학생들은 르코르뷔지에가 지은 건축책과 작품집을 보면서 건축에 대한 그의 열정을 배우고자 노력합니다. 건축을 공부하는 많은 사람이 그의 건축을 들여다보는 이유는 르코르뷔지에의 건축에 현대 건축의 본질이 담겨 있기 때문이에요. 그의 건축에는 벽을 세우는 방법, 빛을 받아들이는 방법, 기둥을 지면에서 분리시키는 방법, 옥상을 이용하는 방법, 질서와 비례를 다루는 방법 등 수많은 현대 건축의 논리가 숨어 있으니까요. 르코르뷔지에의 건축을 알면 현대 건축의 절반을 이해한다는 말이 있을 정도로 르코르뷔지에는 많은 영향을 남겼습니다.

콘크리트의

마술사

안도 다다오

한 권의 책이

인생을
바꾸다

　　　　일본 건축가 안도 다다오의 삶은 한 편의 소설
같아요. 그의 이력에는 대학 경력이 없어요. "1941년 오사카 출생"
에서 "1969년 안도 다다오 건축 연구소 설립"으로 바로 건너뜁니
다. 대학 교육을 전혀 받지 않고 독학을 한 거죠. 그런 그가 건축계
의 노벨상으로 불리는 프리츠커상을 받았고, 예일 대학과 하버드
대학에서 강연을 하고, 도쿄 대학에서 학생들을 가르치니 정말
놀라울 수밖에 없어요. 어떻게 그는 독학으로 건축을 공부할 수
있었을까요? 세계적인 건축가로 뻗어 나갈 수 있었던 비결은 과연
뭘까요?

　　안도 다다오는 일란성 쌍둥이로 태어났어요. 태어난 지 며칠 만

에 외가로 보내졌고, 20대 청년기를 맞이하기까지 외할머니 밑에서 자랍니다. 공부하라는 소리를 들어 본 적이 없을 정도로 자유로운 분위기 속에서 지내다 보니 학교 성적은 늘 뒤에서 맴돌았습니다.

고등학교 2학년 때 쌍둥이 동생이 프로 권투 선수로 먼저 데뷔하자 그도 따라서 프로 복싱에 입문합니다. 3회전 경기에 출전해 정신없이 싸우고는 제법 많은 대전료를 받지만 권투 선수는 결코 만만한 직업이 아니었어요. 자기보다 월등한 실력을 지닌 훌륭한 선수들이 너무 많았어요. 결국 2년 만에 그만둡니다. 실망이 컸지만 사각의 링 위에서 끊임없이 주먹을 날려야 하는 권투 선수의 속성은 도전적으로 사는 법을 알려 주었습니다.

고등학교를 마치자 안도 다다오는 무엇을 할지 막막했어요. 만드는 것을 좋아했기에 건축가가 되고 싶었으나 방법을 몰랐어요. 공부를 소홀히 해서 대학에 진학할 수가 없었고, 딱히 건축에 대한 기초가 없으니 누군가의 밑에서 일을 배울 수도 없었어요. 대학에서 배우는 교과서를 사다가 훑어봤지만 절반도 이해가 안 됐습니다.

그러던 어느 날 헌책방에서 '르코르뷔지에'라는 이름이 적힌 책을 발견합니다. 건물 사진과 도면이 담긴 책을 펼치는 순간 '바로 이거야.'라는 생각이 들었지만 가진 돈으로는 도저히 살 수가 없었

주니어 대학

어요. 일단 남들 눈에 띄지 않게 숨겨 놓고 책방을 나왔지요. 근처를 지날 때마다 혹시 팔리지 않았을까 걱정이 돼서 다시금 숨겨 놓고 나오는 일을 한 달 동안 반복한 끝에 책을 손에 넣을 수 있었어요. 그날 이후 책에 실린 모든 도면과 스케치를 베끼면서 르코르뷔지에가 설계한 건축물을 하나하나 익혀 나갔습니다.

르코르뷔지에라는 인물에 대한 흥미가 더 깊어지자 그가

빛의 교회, 안도 다다오, 일본 오사카

저술한 『건축을 향하여』라는 책의 번역본을 구해 읽게 됩니다. 그런데 르코르뷔지에는 그 책에서 뜻밖에도 여행의 중요성을 강조하고 있었어요. 그 순간 르코르뷔지에를 만나러, 그의 건축을 직접 보러 유럽 여행을 해야겠다는 생각이 솟구쳤어요. 그때부터 아르바이트를 하면서 돈을 모았습니다.

1965년 요코하마 항구를 출발해 시베리아 횡단 열차를 타고 모스크바로 향했습니다. 거기서 핀란드로 건너가 유럽 일대를 둘

러보는 긴 일정이었어요. 그가 핀란드에 도착한 것은 5월로 백야의 시기였어요. 지지 않는 태양빛 아래 잘 건립된 청결한 건축을 보고 감동을 받았지요. 핀란드 건축을 둘러보면서 지역과 기후가 달라지면 생활 공간도 달라진다는 사실을 깨우치게 됩니다.

여행의 핵심은 뭐니 뭐니 해도 자신이 구입한 책에서 봤던 르코르뷔지에의 건축을 확인하는 것이었습니다. 파리에 도착하자 설레는 마음으로 르코르뷔지에의 걸작 롱샹 교회를 보기 위해 또다시 기차를 탔습니다. 나지막한 롱샹 언덕에 올라 교회 안으로 들어서자 너무나 드라마틱하고 너무나 환상적인 빛에 놀라움을 금치 못했어요. 크고 작은 사각형 창에서 쏟아져 나오는 제각기 다른 색의 영롱한 빛은 그를 몇날 며칠 그곳에 붙들어 두었습니다. 건축은 다름 아닌 빛의 예술이었어요. 다음 날도 그다음 날도 교회에 들어서면 빛이 주는 충격은 첫날과 다를 바 없었습니다. 이때의 경험은 훗날 빛의 교회를 탄생시키는 계기가 됩니다.

파리로 돌아오자 르코르뷔지에를 만나 보기 위해 그의 사무실을 찾아가지만 그토록 보고 싶었던 르코르뷔지에를 만날 수 없었습니다. 안도 다다오가 파리에 도착하기 한 달 전 세상을 떠났기 때문이지요. 실망으로 가득했지만 그다음 날 르코르뷔지에가 남긴 또 하나의 걸작인 사보아 주택을 보기 위해 푸아시로 향했습니다. 그야말로 근대 건축의 명작이었던 사보아 주택을 통해서 건축

랑엔 미술관, 안도 다다오, 독일 노이스

의 구성 원리들을 받아들이게 되지요.

그의 건축 여행은 무려 7개월 동안 계속되었어요. 눈에 보이는 모든 것이 새롭고 경이로웠어요. 안도 다다오는 더 흥미로운 건축물이 있을까 싶어 아침부터 어둠이 찾아올 때까지 지도를 보며 걷고 또 걸었습니다. 여행을 통해 풍토와 건축의 관계, 재료와 건축의 관계를 터득한 이후로도 사무실을 개설할 때까지 4년여를 돈만 모이면 여행을 떠났어요.

노출 콘크리트의
미학,

일상적인 것에서
새로움을 발견하다

안도 다다오는 스물여덟 살 되던 해 드디어 오사카에 사무실을 개설했습니다. 직원은 두 사람뿐이고 처음 얼마 동안은 일이 없었어요. 그렇게 몇 년을 보내다가 파격적인 작품 스미요시 주택을 발표합니다.

스미요시 주택을 보면 사람이 이런 곳에서 살 수 있나 싶어요. 사방이 온통 콘크리트로 막혀 있기 때문이에요. 출입문만 빼고는 외부로 향한 문이 전혀 없어요. 폭이 4미터밖에 안 되는 작은 주택이지만 가운데 하늘로 뚫려진 중정(집 안의 건물과 건물 사이에 있는 마당)이 있어 빛이 중정을 통해 들어와요. 이 중정은 지붕이 완전히 개방된 곳이어서 비가 오는 날이면 서재에서 마루로 가는

주니어 대학

 사진 © Hiromitsu Morimoto

스미요시 주택, 안도 다다오, 일본 오사카

동안 우산을 써야만 했어요. 파격적인 스미요시 주택으로 일본 건축 학회상을 수상하면서 안도 다다오는 세상에 알려지기 시작해요. 기존의 상식을 깨는 파격은 이후에도 계속됩니다.

1990년에 설계한 물의 절은 지붕이 없어요. 사찰이라고 한다면 당연히 웅장한 지붕이 있어야 하지만 그가 설계한 물의 절에는 오로지 지름 40미터의 타원형 연못만 존재할 뿐 지붕은 찾아볼 수 없어요. 연꽃이 듬성듬성 피어 있는 타원형 연못 중앙에 나 있는 계단을 따라서 지하로 내려가야 비로소 불상과 만날 수 있어요.

빛의 교회는 내부에 조명 시설이 전혀 없습니다. 십자가 형태로 뚫려진 콘크리트 벽면 사이로 자연광만 들어와요. 그 빛은 강한 십자가 형태로 우리의 눈을 자극해요. 빛의 교회, 물의 교회, 물의 절이라는 이름에서 알 수 있듯이 빛과 물은 그의 건축을 돋보이게 하고 아름답게 하는 요소로 존재합니다.

르코르뷔지에는 그의 저서를 통해 "건축은 재료를 사용해서 감동적인 관계를 수립하는 것"이라고 강조했어요. 이 말을 늘 기억한 안도 다다오는 누구나 사용하는 콘크리트를 이용해 감동의 건축을 만들어 냅니다. 그가 설계한 건축의 콘크리트 표면은 비단결처럼 곱고 대리석처럼 만질만질해요. 이 같은 콘크리트 표면은 어떻게 탄생될까요? 콘크리트 벽체는 합판으로 거푸집을 만든 뒤 그 사이에 시멘트와 자갈과 모래와 물을 섞은 반죽 상태의 콘

물의 절, 안도 다다오, 일본 효고

크리트를 집어넣는 방식으로 만들어져요. 콘크리트가 완전히 굳어지면 거푸집을 떼어 내는데, 표면이 거칠하고 얼룩이 생기고 심지어 자갈이 표면에 드러나는 경우가 많아요. 그는 이런 얼룩과 거친 면을 없애고 매끄러운 표면을 얻기 위해 심혈을 기울였어요. 말끔한 콘크리트 표면을 얻기 위해서는 공사 현장에서 감독을 철저히 해야만 했어요. 질 좋은 콘크리트 표면은 공사 현장에서 인부들과 멱살을 잡고 싸우면서 얻어진 결과라고 할 수 있어요. 이후 30년 동안 안도 다다오가 설계한 건축물 대부분이 매끄러운 표면의 노출 콘크리트를 사용해 완성됩니다.

그는 가능한 한 재료의 사용을 최소한으로 억제해요. 콘크리트와 유리 이외에는 별로 쓰지 않아요. 형태도 직선과 사선, 원과 타원 같은 단순하고 절제된 형태만을 사용해요. 1980년대는 건축에서 장식이 유행하던 시기였어요. 이러한 경향에 대해 싫증을 느끼기 시작할 무렵 단순하고 절제된 형태를 지닌 안도 다다오의 건축이 등장하자 선풍적인 인기를 끌게 되어요.

안도 다다오가 폐쇄적이고 보수적인 일본 사회에서 아무런 배경도 없이 건축가로 성공할 수 있었던 이유는 인생을 도전적으로 살아왔기 때문이에요. 어린 시절부터 역경이 닥치면 어떻게 뛰어넘을 것인가를 궁리하면서 스스로 활로를 찾아 나섰어요. 부모나 형제의 힘을 빌리지 않았어요. 절대 포기하지 않았어요. 안도 다다오는 이렇게 말합니다.

"자기 삶에서 빛을 찾고자 한다면 먼저 자기 눈앞에 있는 힘겨운 현실이라는 그늘을 바라보라고. 그런 다음 그것을 뛰어넘기 위해 용기 있게 전진하라고."

그가 세계적인 건축가로 인정받은 것은 이러한 도전적인 인생관을 갖고 있었기 때문이에요. 독학으로 성공한 안도 다다오는 자서전에서 이렇게 말해요.

"여행은 인간을 만든다. 나 또한 전 세계 도시란 도시를 방문하고, 길이란 길을 맴돌고, 골목이란 골목을 수없이 걸어왔다. 긴장과 불안 속에서 낯선 땅을 홀로 헤매다 고독에 쫓기고 당황하여 어찌할 바를 모르다가 그곳에서 활로를 찾아 극복하며 여행을 이어 왔다. 생각해 보면 내 인생 또한 여행이었다."

"건축을 배우는 유일한 방법은 직접 찾아가 그 건축 속에 몸을

두는 것이다."라고 건축가 필립 존슨이 말했듯이 안도 다다오처럼
우수한 건축물을 직접 눈으로 살펴보고 공간을 경험해 보는 것은
좋은 건축가가 되는 지름길이라고 할 수 있어요.

주니어 대학

3부

건축학,
뭐가
궁금한가요?

01

건축가와 건축사의
차이점은
뭔가요?

건축가와 건축사 모두 건축 설계를 직업으로 삼고 있는 사람을 일컫는 호칭으로 큰 차이는 없어요. 소설가나 화가처럼 직업에 '가(家)'가 붙으면 창의적인 활동을 하는 집단을 나타내지요. 건축가라는 호칭은 창의적인 작업을 하는 직업, 즉 예술성이 강조된 것에 비해 건축사는 법적인 권한과 책임이 좀 더 강조된 호칭입니다.

변호사, 검사, 의사, 약사, 회계사, 건축사의 공통점은 직업 이름에 '사'가 붙어 있다는 거예요. 의사만 스승 사(師)를 사용하고 모두 선비 사(士)를 사용하지요. 옛날 과거 시험을 거쳐 벼슬을 딴 선비처럼 이들은 모두 국가시험을 통해 자격 면허를 취득한 사람들로 책임과 권한이 동시에 주어집니다. 아무리 의술이 뛰어나더라도 의사가 아니면 의료 행위를 할 수 없고 변호사만이 법정에서 변론할 수 있는 것처럼, 건축 설계에 대한 권한은 자격시험을 거쳐 면허를 취득한 건축사만이 갖고 있어요. 설계 도면에는 반드시 건축사의 사인이 들어가야만 관할 관청으로부터 건물을 지을 수 있는 허가를 얻을 수 있습니다.

건축사는 건축 법규에 맞추어 설계를 해야 하고, 문제가 생길 경우 책임을 져야 합니다. 우리나라 건축사 협회 윤리 규약 1조에는 "자기에게 맡겨진 책임과 임무를 양심과 성의로서 수행한다."는 조항이 있습니다. 건축사는 사회적 책임과 의무가 부여된 직업이라는 것을 알 수 있습니다.

02

우리나라 대학에서
건축학과는
왜 5년 과정인가요?

우리가 사는 시대는 국경이 없어요. 여행뿐 아니라 국가 간 무역도 자유롭게 이루어지고 있지요. 건축물을 설계할 수 있는 권리 또한 국가 간의 장벽 없이 모든 나라에게 개방되어 있습니다. 최근에 지어진 국내의 유명한 건물들을 보면 외국 건축가들이 설계한 것이 제법 많습니다. 우리나라 건축가도 외국에 나가 건축물을 설계하는 기회가 늘어나고 있으니 국가 간에 서로 인정할 수 있는 건축사에 대한 자격 기준이 필요하겠지요.

그런데 얼마 전까지는 교육 제도가 나라마다 달랐어요. 국내 대학에 개설된 건축학과는 모두 4년 과정이었던 반면, 미국 대학은 5년, 프랑스는 6년 과정으로 운영되었어요. 건축학과가 의과 대학처럼 수업 기간이 긴 이유는 뭘까 궁금하죠? 건축학은 종합 학문으로 인문학적인 요소와 공학적인 부분을 망라하고 있어, 4년 과정으로는 충분하지 않기 때문이에요. 이런 이유로 국제 건축가 연맹은 국제적으로 인정받을 수 있는 건축사의 자격 기준을 5년 과정 이상 건축 설계 교육을 받은 사람으로 규정하게 됩니다.

우리나라도 국제적으로 인정받을 수 있는 건축가를 양성하기 위해서는 기존의 건축학과를 5년 과정으로 바꾸어야 했어요. 그리하여 2002년부터 5년 과정의 건축학과가 탄생됩니다. 반면에 구조와 시공 등 건축 공학 기술 교육에 중점을 둔 학과는 건축 공학과라는 명칭으로 4년 과정을 그대로 유지하게 되지요.

03

건축가가 되려면
무얼 준비해야
하나요?

건축가가 되기 위해서는 손과 눈과 머리가 필요하다고 합니다. 먼저 손은 무엇을 뜻할까요? 표현력을 뜻해요. 건축의 형태와 공간은 손을 통해 표현됩니다. 손으로 스케치를 하거나 도면을 그려서 건축의 모습을 종이 위에 표현해야 합니다. 때로는 모형으로 표현하기도 해요. 어렸을 때부터 눈에 보이는 대상을 자주 그려 보고 만들어 보는 습관은 건축가로 성장하는 데 큰 도움이 됩니다. 르코르뷔지에는 틈만 나면 스케치를 즐겼고 프랭크 로이드 라이트는 어린 시절에 나무 블록 장난감을 갖고 쌓기 놀이를 하면서 건축가의 꿈을 키워 나갔습니다.

두 번째로 필요한 것은 눈입니다. 우리는 눈을 통해 대부분의 정보를 받아들입니다. 어린 시절부터 건축에 관한 정보를 많이 보아 두면 큰 힘이 되겠지요. 그렇다면 건축에 관한 정보를 어떻게 받아들여야 할까요? 가장 좋은 방법은 직접 경험해 보는 것이에요. 안도 다다오나 르코르뷔지에처럼 여행을 통해 건축에 대한 정보를 직접 받아들일 필요가 있어요. 하지만 멀리 떠나는 것이 어렵다면 가우디처럼 자신이 사는 마을 주변의 건축물을 세심히 살펴보는 습관을 가지는 게 좋아요.

요즘은 옛날과 달라서 유명한 건축물이나 건축가를 소개한 책들이 많아요. 건축에 관한 책들을 읽어 보는 것이 직접적인 도움이 되겠지만, 역사나 지리, 사회, 경제 등 인간의 삶을 다룬 인문학

책을 두루 읽으면서 건축을 이해하는 폭을 넓혀 나가는 것도 매우 중요해요. 거듭 말하지만 건축은 단순히 집을 짓는 것이 아니라 인간의 삶과 깊숙이 연관된 일이기 때문이에요.

세 번째로 머리는 창조성을 뜻해요. 미술이나 음악, 영화 같이 이웃한 예술 분야의 작품을 많이 접하면 창의성 개발에 도움이 많이 돼요. 미술 작품을 많이 보고 음악을 많이 듣다 보면 예술 작품을 바라보는 시야도 넓어지고 감성도 풍부해지지요.

04

건축가가
되고 싶은데
수학을 잘해야 하나요?

수학을 못해도 건축을 할 수 있나요? 건축가가 되려면 그림을 잘 그려야 하나요? 건축학과를 지원하는 학생들이 가장 많이 하는 질문이에요. 수학을 잘하면 이과, 못하면 문과라는 식의 기준을 우리는 은연중에 갖고 있어요. 건축학과가 이과로 분류되어 공과 대학에 소속되어 있으니 수학이 꼭 필요한 것처럼 보이지요. 하지만 건축학과는 공학 계통의 다른 학과와 달리 난이도 높은 문제를 풀 정도의 수학 실력을 요구하지는 않아요.

공학 분야에서 다루는 문제들은 대부분 정답이 하나인 경우가 많지만, 건축 설계는 하나의 정답을 구하기보다는 최선의 안을 찾아내는 작업이에요. 열 사람이면 열 사람의 결과가 모두 달라요. 이렇게 말하니 공식을 이용해 하나의 정답을 구하는 수학과 다양한 답이 있는 건축은 왠지 거리가 먼 것처럼 느껴지네요.

그런데 수학을 제대로 알면 훌륭한 건축물을 설계할 수 있어요. 수학의 본질은 공식 외우기나 해답 구하기가 아니기 때문이에요. 논증이라는 말, 증명이라는 말을 들어 봤을 거예요. 수학은 문제를 풀어 나가는 논리적 과정이 핵심이에요. 수학을 잘하면 논리적인 힘이 생겨요. 그런데 건축 설계 과정에서도 논리적인 사고가 꽤 요구되지요. 건축 설계는 건축주의 요구 사항, 땅의 위치와 지질, 기후, 건축법 등 모든 상황과 조건을 받아들여 공간으로 풀어내는 논리적 과정이기 때문이에요.

수학을 잘하는 사람은 좌측 두뇌가 발달되어 있는 반면 예술가들은 우측 두뇌가 발달되어 있다고 해요. 좌뇌는 언어나 논리적인 판단을 담당하는 반면 우뇌는 공간 지각력과 관련이 있어요. 실제로 건축가나 화가들 중에는 우뇌가 발달된 사람들이 많아요. 하지만 건축에 한쪽 능력만 필요한 것은 아니에요. 디자인 능력에 수학적인 논리성이 결합되면 더 좋은 건축을 할 수 있지 않을까요?

반면에 건축 공학과에서 구조를 전공하려면 수학에 대한 관심과 실력이 어느 정도는 있어야 해요. 구조는 건물을 이루는 요소들인 기둥과 벽, 바닥, 지붕을 어떻게 배열하고 어떻게 결합시키느냐 하는 공학적인 문제이거든요. 구조 전문가는 건물에 작용하는 모든 힘들을 반영하여 뼈대를 구성하는 부분들의 결합 방식과 재료의 크기를 결정해야 해요. 크게는 구조의 방식을 결정하고 세부적으로는 기둥의 간격과 크기, 철근의 굵기와 수량 등 부재의 결합 방식과 치수를 계산해 내는 일이 건축 구조 전문가의 역할이에요. 건축 구조를 전공하는 사람은 아무래도 물리나 수학에 밝은 사람들이라 할 수 있지요.

주니어 대학

05

건축계의 노벨상으로
불리는 프리츠커상은
어떤 상인가요?

프리츠커상 메달

수학이 과학의 기초임에도 불구하고 노벨상 부문에 포함되지 않는 이유는 화학자였던 노벨이 수학자 레플러와 무척 사이가 좋지 않았기 때문이라 합니다. 평소 수학상이 없음을 애석해하던 국제 수학 위원회는 필즈상을 제정하여 40세 미만의 명망 있는 수학자들에게 수여해 왔어요. 해가 거듭되자 사람들은 이 상을 수학의 노벨상이라 부르게 됩니다.

건축 분야에서도 건축의 노벨상이라는 별명이 붙은 상이 1979년에 만들어졌어요. 세계적인 호텔 기업 하야트 재단이 건축 예술을 통해 인류와 환경에 공헌한 뛰어난 건축가를 선정해 표창하기 위해 만든 상이 프리츠커 건축상입니다. 하야트 호텔의 설립자 제이 프리츠커의 이름을 따서 만든 프리츠커상은 건축 분야에서는 가장 권위 있는 상으로 발전했습니다. 노벨상처럼 올해의 수상자가 누가 될지에 건축계의 관심이 집중됩니다. 수상자에게는 10만 달러의 상금과 청동 메달이 주어지지요.

1979년 첫 수상자로 미국 건축가 필립 존슨이 선정된 이래 서른 명이 넘는 건축가가 이 상을 받았어요. 수상자 대부분은 국제적으로 활동하는 건축가들로 그 가운데 일부는 한국에서 프로젝트를 수행한 경험을 갖고 있습니다. 리움 미술관과 서울대 미술관을 설계한 렘 콜하스는 2002년도 수상자이고, 제주도에 미술관을 설계한 안도 다다오는 1995년에 상을 받았습니다.

주니어 대학

06

여성도
세계적인 건축가가
될 수 있을까요?

비트라 소방서, 자하 하디드, 독일 바일 암 라인

「결혼 행진곡」, 「한여름 밤의 꿈」으로 유명한 작곡가 멘델스존을 알고 있나요? 멘델스존에게는 네 살 많은 누나가 있었어요. 누나 파니 멘델스존도 남동생 못지않게 음악 실력이 뛰어났지요. 그러나 애석하게도 여성의 공개적인 사회 활동을 반대하는 아버지 때문에 파니 멘델스존은 음악 활동을 적극적으로 펼치지 못한 채 세상을 떠났어요.

20세기 이전까지 작곡가, 연주자, 지휘자들은 온통 남성들뿐이었어요. 과거에는 여성들이 전문직에서 활동하기가 쉽지 않았어요. 건축 분야도 마찬가지여서 20세기 중반 이후에야 세계적인 여성 건축가가 나타납니다. 프리츠커상 수상자 가운데 여성은 이라크 태생의 자하 하디드를 포함해 단 두 명이에요.

1950년 이라크 바그다드에서 출생한 자하 하디드는 원래는 수학을 공부했지만, 영국으로 건너가 대학에서 건축을 다시 공부했어요. 졸업 후에 설계 사무소를 차렸는데, 13년 동안 완공된 건축물이 거의 없었어요. 너무나 실험적이고 파격적인 계획안을 내놓았기 때문이에요.

자하 하디드가 마흔세 살 되던 해, 드디어 첫 번째 기회가 찾아와요. 독일과 스위스 국경에 위치한 가구 공장 부지 안에 소방서 건물을 세워 달라는 주문을 받은 것이지요. 칼날처럼 날카로운 형태로 하늘을 향해 우뚝 솟은 독특한 소방서가 완공되자 그녀는 세계적인 건축가로 알려집니다. 디자인이라면 응당 기능을 따라야 하고 예뻐 보여야 할 것 같지만 자하 하디드는 그런 고정 관념에서 벗어나 끊임없이 새로운 조형 이미지를 만들어 내고 있어요. 동대문 디자인 플라자 공모전에서 1등으로 당선되면서 자하 하디드는 한국 사람들에게도 널리 알려져요.

국내 건축계에도 여성의 진출이 점점 늘고 있어요. 여성 건축가들의 모임인 여성 건축가 협회가 있고, 부부 건축가도 제법 많아요. 이화 여자 대학교에도 건축학과가 개설되어 있고 남녀 공학의 건축학과에도 여학생들이 제법 많답니다. 건설 현장에서 활동하는 건설 기술자는 대부분이 남자들인데 비해, 건축 설계 분야에서는 여학생 비율이 높은 편입니다.

07

초고층 빌딩은
흔들린다는데
사실인가요?

월리스 타워, 설계 회사 SOM, 미국 시카고

인간이 지을 수 있는 고층 빌딩은 어느 정도 높이까지 가능할까요? 현재의 기술로도 1,000미터가 넘는 초고층 빌딩을 세울 수 있대요. 다만 건물이 높아질수록 문제가 되는 것은 바람입니다. 거센 바람이 불어오면 건물은 흔들리기 마련인데, 너무 많이 흔들려도 안 되고 전혀 흔들리지 않게 설계를 해도 안 된다고 해요.

건물은 견고하게 고정되어 있어야 하는데 왜 흔들리도록 설계를 해야 하는지 이해가 잘 안 되지요? 태풍이 불어올 때의 상황을 떠올려 보면 그 이유를 알 수 있습니다. 초속 30미터 이상의 엄청난 태풍이 불어오면 굵은 나무들이 뿌리째 뽑히거나 나뭇가지가 부러지는 데 비해 갈대는 바람에 몸을 맡긴 채 이리저리 흔들리기만 할 뿐 부러지지 않지요. 갈대가 부러지지 않는 이유는 뭘까요? 탄성이 있기 때문이에요. 바람이 불어오면 부는 대로 흔들리니 견뎌 낼 수 있는 것입니다.

초고층 건물도 이 같은 원리를 반영하여 건물이 조금씩 흔들리게끔 설계를 해 주면 건물에 가해지는 힘들이 분산된다고 합니다. 이런 이유로 초고층 빌딩은 부재와 부재를 볼트로 연결시키는 철골 구조를 이용합니다. 건물 전체를 벽돌이나 콘크리트만으로 짓는다면 바람에 탄력적으로 적응하기가 어려워 건물이 붕괴되는 경우도 생겨나겠죠. 초고층 빌딩은 바람에 대한 저항과 지진을 고려한 첨단 기술의 결합이라고 할 수 있습니다.

08

빌바오 효과란
무엇일까요?

빌바오 구겐하임 미술관, 프랭크 게리, 스페인 빌바오

건축가 필립 존슨은 스페인 빌바오에 위치한 구겐하임 미술관을 가 보지 않은 사람은 빚을 내서라도 가 보라고 했어요. 그는 빌바오 구겐하임 미술관이야말로 우리 시대의 가장 위대한 건축이라고 말합니다. 뉴욕에서 발행되는 세계적인 잡지 《배너티 페어》는 최근 30년 사이에 지어진 최고의 건축물을 뽑는 설문에서 빌바오 구겐하임 미술관을 1위로 선정합니다. 미국 건축가 프랭크 게리가 설계한 빌바오 구겐하임 미술관은 빌바오 효과라는 말을 유행시키며 도시 재생의 연구 모델이 됩니다.

빌바오는 마드리드와 바르셀로나에 이어 스페인에서 세 번째로 큰 도시입니다. 1970년대까지만 해도 빌바오는 철광업과 배를 만드는 조선 공업으로 아주 부유한 도시였으나, 철광업이 쇠퇴하면서 공장은 문을 닫고 경제적으로 쇠락한 도시로 변했습니다. 도시를 되살릴 수 있는 방법이 없을까 고민하던 빌바오 공무원들은 세계적인 미술관을 유치하기로 결정하고 프랭크 게리라는 세계적인 건축가에게 설계를 맡깁니다.

네르비온 강변에 들어선 구겐하임 미술관은 지금까지 볼 수 없었던 파격적인 디자인으로 설계됩니다. 꿈틀거리는 곡면으로 설계된 미술관의 표면은 티타늄이라는 금속판으로 마감되어 물고기 비늘처럼 햇빛에 반짝여 독특한 느낌을 자아냅니다. 이 건물을 보기 위해 수많은 관광객이 빌바오를 찾으면서, 빌바오의 경제는 다

시 살아나게 됩니다. 건물 하나가 도시를 재생시키는 기적을 일으
킨 것이지요.

건축이 도시의 상징으로서 수많은 관광객을 끌어모으는 역할
을 한다는 사실은 이미 여러 도시에서 증명되어 왔습니다. 시드니
하면 누구나 오페라 하우스를 떠올리고, 파리 하면 에펠 탑을 떠
올리지요. 사그라다 파밀리아 대성당을 보기 위해 수백만 명의 관
광객이 바르셀로나를 찾는 걸 보면 건축의 위력을 상상할 수 있
습니다. 빌바오 구겐하임 미술관도 그런 역할을 하게 된 것이지요.
건축물 하나가 빌바오라는 도시의 경제를 살린 현상, 이를 일컬어
'빌바오 효과'라고 부릅니다.

09

건축 설계에서
컴퓨터는
어떻게 이용되나요?

프랭크 게리가 설계한 빌바오 구겐하임 미술관은 휘어지고 구부러지고 때로는 물고기의 표면을 연상시킵니다. 이런 건축물을 설계하기 위해서는 컴퓨터의 힘을 반드시 빌려야 해요. 손으로는 도저히 표현하기 힘들기 때문이지요.

컴퓨터는 인류의 문명을 엄청나게 바꾸었듯이 건축 설계의 방법도 크게 바꾸어 놓았어요. 전통적인 설계 방법은 제도판 위에서 삼각자와 티(T)자와 컴퍼스를 이용해서 도면을 그리는 것이었습니다. 그러나 1990년대 이후부터 건축 설계는 손으로 도면을 그리던 시대에서 벗어나 컴퓨터의 도움을 받습니다.

수평선과 수직선을 제도판에서 연필로 그리지 않고 컴퓨터 모니터에서 캐드(CAD)라는 프로그램을 이용해 그립니다. 어디 그뿐인가요? 3차원 형태를 표현할 수 있는 컴퓨터 그래픽 프로그램이 개발되면서 자유로운 형태의 건물들이 등장합니다. 예전에는 건물의 외관을 그릴 때 물감을 사용해 투시도로 그렸으나 이제는 컴퓨터 그래픽 프로그램이 복잡한 입체를 자유자재로 표현해 줍니다.

설계를 잘하려면 컴퓨터 그래픽 프로그램도 잘 다루는 게 좋겠지요? 하지만 아이디어를 표현하기 위한 스케치의 중요성은 여전히 변하지 않았습니다. 컴퓨터는 아이디어와 상상력을 보조하는 디자인 도구로서 역할을 하는 것이니까요.

10

건축을 왜
공간 예술이라고
하나요?

병산 서원

한문으로 간(間)은 사이를 뜻합니다. 사람과 사람 사이를 인간 (人間)이라고 하고 오전과 오후, 아침과 저녁, 오늘과 내일 사이를 나타내는 것이 시간(時間)인 것처럼, 벽과 벽 사이, 기둥과 기둥 사이, 천장과 바닥 사이, 건물과 건물 사이를 공간(空間)이라 부릅니다. 그러고 보면 우리는 수많은 '사이' 속에 살고 있습니다. 사람과 사람의 관계가 좋아야 행복해지는 것처럼 벽과 바닥과 천장 사이의 공간이 잘 만들어져야 그 속에 사는 사람도 행복해집니다.

사람은 공간 속에서 심리적으로 반응합니다. 어떤 공간에서는 편안함을 느끼는 데 비해서 골목길처럼 좁고 어두운 공간에서는 불안감을 느낍니다. 폐소 공포증이라는 말을 들어 보았나요? 꽉 막힌 공간에서 느끼는 공포감을 얘기하는 것이지요. 반면 광장 공포증은 개방된 공간에서 느끼는 감정입니다.

초가집 내부처럼 천장이 낮은 공간일수록 사람들은 아늑함과 친근감을 느끼게 되지요. 이러한 공간을 휴먼 스케일이라 부릅니다. 인간적인 크기의 공간이라는 뜻입니다. 반대로 고딕 성당처럼 의도적으로 거대하게 구성한 공간은 신에 대한 존경심을 저절로 우러나오게 할 수 있습니다.

공간 하면 내부 공간만 생각하기 쉬운데 외부 공간 또한 매우 중요합니다. 안채, 사랑채, 행랑채라는 말을 들어 보았나요? 한국의 전통 건축에서는 집을 채라 불렀습니다. 채와 채가 어울려 안

주니어 대학

마당이 형성되고 뒷마당도 형성됩니다. 이처럼 건물과 건물이 어울리면 외부 공간이 만들어집니다.

서양에는 크고 작은 광장이 발달되어 있습니다. 광장은 건물들로 둘러싸여 만들어진 빈 장소를 말합니다. 이곳에서 사람들은 집회도 열고 토론도 합니다. 광장이 발달한 나라일수록 열린 문화가 형성되고 시민들의 교류가 큰 것을 볼 수 있습니다.

건축가들은 설계할 때, 건축물의 형태보다도 공간을 어떻게 만들어 주느냐에 더 심혈을 기울이는 경우가 많습니다. 사람이 살기에 편안한 공간, 감동을 주는 공간을 만들어 주는 일이 건축가의 목표라고 할 수 있기 때문입니다. 음악을 청각 예술, 미술을 시각 예술이라고 하는 것처럼 건축을 공간 예술이라고 할 수 있습니다.

사진 자료 제공